くもんの小学ドリル
がんばり1年生 学しゅうきろくひょう

名まえ

1 2 3 4 5 6 7 8
9 10 11 12 13 14 15 16
17 18 19 20 21 22 23 24
25 26 27 28 29 30 31 32
33 34 35 36 37 38 39 40
41 42 43

あなたは
「くもんの小学ドリル　さんすう　1年生ひきざん」を、
さいごまで　やりとげました。
すばらしいです！
これからも　がんばってください。

1さつ　ぜんぶ　おわったら、
ここに　大きな　シールを
はりましょう。

1 かずならべ(1)

がつ 月	にち 日	なまえ	はじめ じ ふん	おわり じ ふん

1 □の　なかに　すうじを　かいて，かずを　じゅんに　ならべましょう。

〔ぜんぶ　できて　25てん〕

1	2	3	4	5	6	7	8	9	10
11									20
21	22	23	24	25	26	27	28	29	30
31									40
41	42	43	44	45	46	47	48	49	50

2 □の　なかに　すうじを　かいて，かずを　じゅんに　ならべましょう。

〔ぜんぶ　できて　25てん〕

51	52	53	54	55	56	57	58	59	60
61									70
71	72	73	74	75	76	77	78	79	80
81									90
91	92	93	94	95	96	97	98	99	100

1から　100までの　かずの　ならびを　おもいだそう。

3 □の　なかに　すうじを　かいて，かずを　じゅんに　ならべましょう。

〔ぜんぶ　できて　25てん〕

1									10
11	12	13	14	15	16	17	18	19	20
21									30
31	32	33	34	35	36	37	38	39	40
41									50

4 □の　なかに　すうじを　かいて，かずを　じゅんに　ならべましょう。

〔ぜんぶ　できて　25てん〕

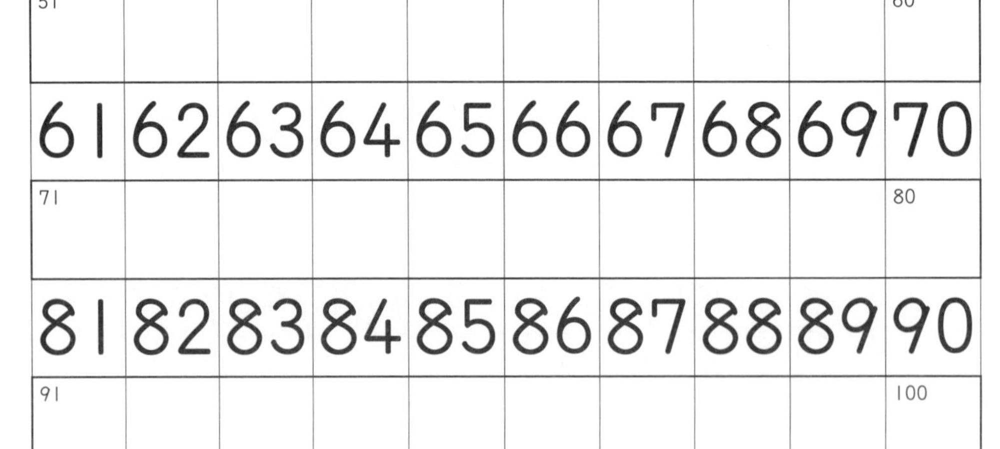

51									60
61	62	63	64	65	66	67	68	69	70
71									80
81	82	83	84	85	86	87	88	89	90
91									100

まちがえた　もんだいは，もう　いちど
やりなおして　みよう。

てん

2 かずならべ(2)

月 日	なまえ	はじめ じ ふん	おわり じ ふん

1 □の なかに すうじを かいて，かずを じゅんに ならべましょう。

〔ぜんぶ できて 20てん〕

91	92	93	94	95	96	97	98	99	100
101									110
111	112	113	114	115	116	117	118	119	120

2 □の なかに すうじを かいて，かずを じゅんに ならべましょう。

〔ぜんぶ できて 20てん〕

91									100
101	102	103	104	105	106	107	108	109	110
111									120

120までの かずの ならびを おもいだそう。

3 □の　なかに　すうじを　かいて，かずを　じゅんに
ならべましょう。　〔ぜんぶ　できて　30てん〕

1	2	3		5	6	7	8		10
11	12		14	15	16	17		19	20
21		23	24	25	26		28	29	30
	32	33	34	35		37	38	39	40
41	42	43	44		46	47	48	49	
51	52	53		55	56	57	58		60

4 □の　なかに　すうじを　かいて，かずを　じゅんに
ならべましょう。　〔ぜんぶ　できて　30てん〕

61	62	63	64		66	67	68	69	
	72	73	74	75		77	78	79	80
81		83	84	85	86		88	89	90
91	92		94	95	96	97		99	100
101	102	103		105	106	107	108		110
111	112	113	114		116	117	118	119	

まちがえた　もんだいは，もう　いちど
やりなおして　みよう。

てん

3 たす1〜たす3

月 日 なまえ

じ ふん

じ ふん

1 たしざんを しましょう。 〔1もん 2てん〕

❶ 6＋1＝

❷ 5＋1＝

❸ 7＋1＝

❹ 3＋1＝

❺ 4＋1＝

❻ 2＋1＝

❼ 8＋1＝

❽ 9＋1＝

❾ 2＋2＝

❿ 3＋2＝

⓫ 5＋2＝

⓬ 7＋2＝

⓭ 9＋2＝

⓮ 4＋2＝

⓯ 6＋2＝

⓰ 8＋2＝

⓱ 5＋3＝

⓲ 4＋3＝

⓳ 1＋3＝

⓴ 3＋3＝

㉑ 7＋3＝

㉒ 8＋3＝

㉓ 2＋3＝

㉔ 6＋3＝

㉕ 9＋3＝

1，2，3を たす たしざんを おもいだそう。

2 たしざんを　しましょう。

〔1もん　2てん〕

❶ 8＋1＝

❷ 9＋1＝

❸ 6＋2＝

❹ 9＋2＝

❺ 8＋3＝

❻ 7＋3＝

❼ 7＋2＝

❽ 6＋1＝

❾ 6＋3＝

❿ 6＋2＝

⓫ 5＋1＝

⓬ 9＋1＝

⓭ 9＋3＝

⓮ 5＋3＝

⓯ 5＋2＝

⓰ 5＋1＝

⓱ 8＋3＝

⓲ 8＋2＝

⓳ 4＋3＝

⓴ 4＋2＝

㉑ 3＋1＝

㉒ 3＋2＝

㉓ 3＋3＝

㉔ 7＋3＝

㉕ 7＋2＝

まちがえた　もんだいは，もう　いちど
やりなおして　みよう。

てん

4 たす4〜たす6

月　日　なまえ

じ　ふん

じ　ふん

1 たしざんを　しましょう。

〔1もん　2てん〕

1. 4＋4＝
2. 2＋4＝
3. 8＋4＝
4. 9＋4＝
5. 6＋4＝
6. 5＋4＝
7. 3＋4＝
8. 7＋4＝
9. 2＋5＝
10. 1＋5＝
11. 3＋5＝
12. 5＋5＝
13. 7＋5＝
14. 9＋5＝
15. 8＋5＝
16. 6＋5＝
17. 3＋6＝
18. 1＋6＝
19. 4＋6＝
20. 2＋6＝
21. 5＋6＝
22. 8＋6＝
23. 7＋6＝
24. 6＋6＝
25. 9＋6＝

4，5，6を　たす　たしざんを　おもいだそう。

2　たしざんを　しましょう。　〔1もん　2てん〕

❶ 5＋4＝

❷ 6＋4＝

❸ 3＋5＝

❹ 8＋5＝

❺ 2＋6＝

❻ 6＋6＝

❼ 7＋5＝

❽ 7＋4＝

❾ 9＋5＝

❿ 9＋6＝

⓫ 9＋4＝

⓬ 7＋4＝

⓭ 7＋6＝

⓮ 4＋5＝

⓯ 4＋6＝

⓰ 5＋4＝

⓱ 5＋5＝

⓲ 5＋6＝

⓳ 3＋5＝

⓴ 3＋6＝

㉑ 8＋4＝

㉒ 8＋5＝

㉓ 8＋6＝

㉔ 6＋4＝

㉕ 6＋5＝

＊まちがえた　もんだいは，もう　いちど
やりなおして　みよう。

てん

5 たす7〜たす9・0の　たしざん

月　日　なまえ　はじめ　じ　ふん　おわり　じ　ふん

1　たしざんを　しましょう。〔1もん　2てん〕

① $6+7=$

② $2+7=$

③ $4+7=$

④ $7+7=$

⑤ $9+7=$

⑥ $8+7=$

⑦ $5+7=$

⑧ $3+7=$

⑨ $3+8=$

⑩ $6+8=$

⑪ $2+8=$

⑫ $1+8=$

⑬ $4+8=$

⑭ $5+8=$

⑮ $8+8=$

⑯ $7+8=$

⑰ $2+9=$

⑱ $4+9=$

⑲ $7+9=$

⑳ $9+9=$

㉑ $8+9=$

㉒ $3+9=$

㉓ $5+9=$

㉔ $5+0=$

㉕ $0+0=$

7，8，9を　たす　たしざんと，0の　たしざんを　おもいだそう。

2 たしざんを　しましょう。

〔1もん　2てん〕

① $5+7=$

② $3+7=$

③ $4+8=$

④ $6+8=$

⑤ $4+9=$

⑥ $7+9=$

⑦ $7+8=$

⑧ $4+7=$

⑨ $4+8=$

⑩ $4+9=$

⑪ $5+7=$

⑫ $5+8=$

⑬ $5+9=$

⑭ $3+7=$

⑮ $3+8=$

⑯ $2+9=$

⑰ $1+8=$

⑱ $9+8=$

⑲ $5+0=$

⑳ $3+9=$

㉑ $2+8=$

㉒ $1+7=$

㉓ $6+7=$

㉔ $0+0=$

㉕ $9+9=$

まちがえた　もんだいは，もう　いちど
やりなおして　みよう。

てん

6 おおきな　かずの　たしざん

がつ 月　にち 日　なまえ

じ　ふん　おわり　じ　ふん

1 たしざんを　しましょう。〔1もん　2てん〕

1. 10＋ 2 ＝
2. 20＋ 3 ＝
3. 30＋ 5 ＝
4. 30＋ 6 ＝
5. 40＋ 9 ＝
6. 50＋ 7 ＝
7. 70＋ 8 ＝
8. 90＋ 4 ＝
9. 13＋ 3 ＝
10. 35＋ 4 ＝
11. 22＋ 5 ＝
12. 41＋ 5 ＝
13. 12＋ 7 ＝
14. 62＋ 6 ＝
15. 53＋ 6 ＝
16. 73＋ 2 ＝
17. 94＋ 3 ＝
18. 30＋10＝
19. 40＋20＝
20. 50＋30＝
21. 20＋40＝
22. 20＋50＝
23. 20＋60＝
24. 30＋70＝
25. 
10＋80＝

おおきな　かずの　たしざんを　おもいだそう。

2 たしざんを　しましょう。

〔1もん　2てん〕

❶ 10＋ 6 ＝

❷ 23＋ 4 ＝

❸ 11＋ 7 ＝

❹ 15＋ 2 ＝

❺ 40＋10＝

❻ 25＋ 4 ＝

❼ 30＋ 5 ＝

❽ 13＋ 5 ＝

❾ 70＋20＝

❿ 32＋ 4 ＝

⓫ 24＋ 4 ＝

⓬ 60＋ 6 ＝

⓭ 45＋ 3 ＝

⓮ 80＋ 5 ＝

⓯ 40＋60＝

⓰ 63＋ 6 ＝

⓱ 31＋ 7 ＝

⓲ 20＋60＝

⓳ 42＋ 3 ＝

⓴ 40＋ 7 ＝

㉑ 54＋ 5 ＝

㉒ 80＋ 9 ＝

㉓ 72＋ 5 ＝

㉔ 43＋ 6 ＝

㉕ 51＋ 6 ＝

まちがえた　もんだいは，もう　いちど
やりなおして　みよう。

てん

7 チェックテスト

月 日 なまえ はじめ じ ふん おわり じ ふん

1 □に あてはまる すうじを かきましょう。〔1つ 1てん〕

51	□	53	54	55	56	□	58	59	60
61	62	63	□	65	66	67	68	□	70
71	72	73	□	75	□	□	78	79	80
□	82	83	84	85	86	87	□	89	90
91	92	93	□	□	96	97	98	99	□

2 つぎの けいさんを しましょう。〔1もん 2てん〕

① $8+1=$
② $5+1=$
③ $6+1=$
④ $7+2=$
⑤ $9+2=$
⑥ $4+2=$
⑦ $5+3=$
⑧ $3+3=$
⑨ $9+3=$
⑩ $8+4=$
⑪ $6+4=$
⑫ $4+4=$
⑬ $7+5=$
⑭ $9+5=$
⑮ $6+5=$
⑯ $8+5=$

3 つぎの　けいさんを　しましょう。 〔1もん　2てん〕

❶ $2+6=$

❷ $5+6=$

❸ $9+6=$

❹ $4+6=$

❺ $4+7=$

❻ $8+7=$

❼ $6+7=$

❽ $9+7=$

❾ $3+8=$

❿ $5+8=$

⓫ $7+8=$

⓬ $6+8=$

⓭ $4+9=$

⓮ $5+9=$

⓯ $8+9=$

⓰ $4+0=$

4 つぎの　けいさんを　しましょう。 〔1もん　2てん〕

❶ $20+3=$

❷ $50+6=$

❸ $16+1=$

❹ $25+2=$

❺ $24+3=$

❻ $35+4=$

❼ $42+5=$

❽ $63+6=$

❾ $81+7=$

❿ $50+30=$

⓫ $70+20=$

⓬ $40+60=$

てんすうを　つけてから，89ページの
アドバイスを　よもう。

てん

8 ひく1(1)

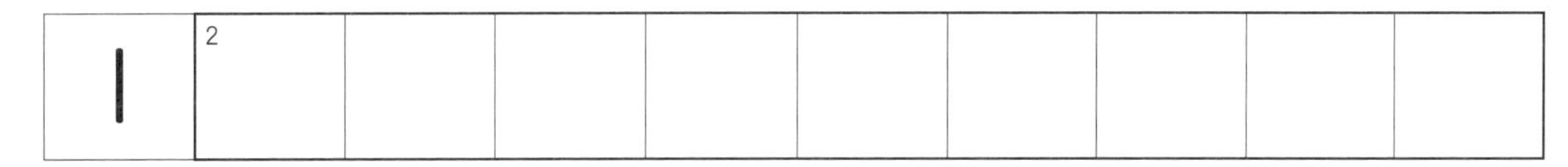

1 □の なかに じゅんに すうじを かきましょう。

〔ぜんぶ できて 10てん〕

1	2								

2 〈れい〉のように じゅんに すうじを かきましょう。

〔ぜんぶ できて 11てん〕

〈れい〉

10	9	8	7	6	5	4	3	2	1

3 □の なかに じゅんに すうじを かきましょう。

〔1もん 5てん〕

① | 10 | | 8 | | 6 | 5 | | 3 | | 1 |

② | 10 | 9 | | 7 | | |

③ | 8 | | 6 | | 4 | |

④ | 6 | | 4 | | 2 | |

⑤ | 9 | | 7 | | 5 | |

⑥ | | 6 | | | 3 | |

⑦ | 6 | | | | 2 | |

10から 1ずつ すくなく なって いく かずの ならびを おぼえよう。

4 よみながら　かきましょう。

〔1もん　2てん〕

1	2	3	4	5	6	7	8	9	10	11

❶ 2－1＝1
に　ひく　いち　は　いち

❷ 3－1＝2
さん　ひく　いち　は　に

❸ 4－1＝3

❹ 5－1＝4

❺ 6－1＝

❻ 7－1＝

❼ 8－1＝

❽ 9－1＝

❾ 10－1＝

❿ 11－1＝

5 ひきざんを　しましょう。

〔1もん　2てん〕

❶ 2－1＝

❷ 3－1＝

❸ 5－1＝

❹ 4－1＝

❺ 7－1＝

❻ 6－1＝

❼ 8－1＝

❽ 9－1＝

❾ 10－1＝

❿ 11－1＝

⓫ 3－1＝

⓬ 4－1＝

1を　ひく　ひきざんを　れんしゅうしよう。

てん

9 ひく1(2)

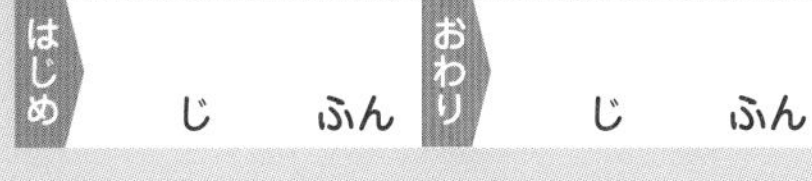

月　日　なまえ　はじめ　じ　ふん　おわり　じ　ふん

1 ひきざんを　しましょう。 〔1もん　2てん〕

❶ 2－1＝

❷ 3－1＝

❸ 4－1＝

❹ 7－1＝

❺ 8－1＝

❻ 9－1＝

❼ 10－1＝

❽ 11－1＝

❾ 5－1＝

❿ 6－1＝

2 ひきざんを　しましょう。 〔1もん　2てん〕

❶ 8－1＝

❷ 9－1＝

❸ 10－1＝

❹ 11－1＝

❺ 5－1＝

❻ 6－1＝

❼ 7－1＝

❽ 2－1＝

❾ 3－1＝

❿ 4－1＝

1を　ひく　ひきざんを　れんしゅうしよう。

3 ひきざんを　しましょう。

〔1もん　3てん〕

❶ $2-1=$

❷ $4-1=$

❸ $6-1=$

❹ $8-1=$

❺ $10-1=$

❻ $3-1=$

❼ $5-1=$

❽ $7-1=$

❾ $9-1=$

❿ $11-1=$

⓫ $6-1=$

⓬ $8-1=$

⓭ $10-1=$

⓮ $5-1=$

⓯ $7-1=$

⓰ $9-1=$

⓱ $11-1=$

⓲ $4-1=$

⓳ $3-1=$

⓴ $5-1=$

まちがえた　もんだいは，もう　いちど
やりなおして　みよう。

てん

10 ひく1(3)

月　日　なまえ

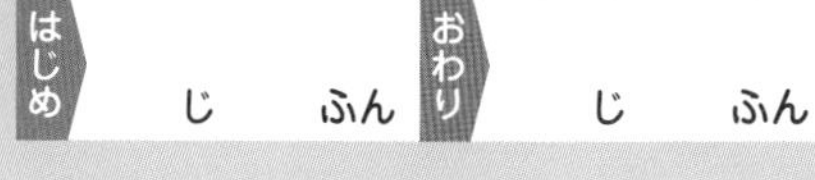

1 ひきざんを　しましょう。〔1もん　2てん〕

① 6－1＝

② 8－1＝

③ 10－1＝

④ 5－1＝

⑤ 7－1＝

⑥ 9－1＝

⑦ 11－1＝

⑧ 7－1＝

⑨ 5－1＝

⑩ 3－1＝

2 ひきざんを　しましょう。〔1もん　2てん〕

① 4－1＝

② 3－1＝

③ 2－1＝

④ 11－1＝

⑤ 10－1＝

⑥ 9－1＝

⑦ 8－1＝

⑧ 7－1＝

⑨ 6－1＝

⑩ 5－1＝

1を　ひく　ひきざんを　れんしゅうしよう。

3 ひきざんを　しましょう。

〔1もん　3てん〕

① $4-1=$

② $8-1=$

③ $3-1=$

④ $6-1=$

⑤ $11-1=$

⑥ $5-1=$

⑦ $10-1=$

⑧ $2-1=$

⑨ $4-1=$

⑩ $7-1=$

⑪ $9-1=$

⑫ $3-1=$

⑬ $5-1=$

⑭ $4-1=$

⑮ $2-1=$

⑯ $8-1=$

⑰ $7-1=$

⑱ $11-1=$

⑲ $10-1=$

⑳ $9-1=$

まちがえた　もんだいは，もう　いちど
やりなおして　みよう。

てん

11 ひく1(4)

月　日　なまえ

じ　ふん　おわり　じ　ふん

1 □の　なかに　じゅんに　すうじを　かきましょう。

〔ぜんぶ　できて　10てん〕

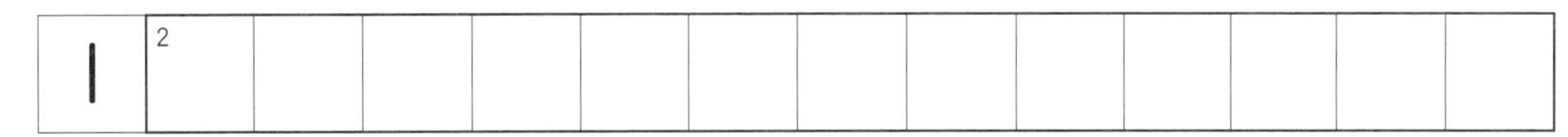

2 〈れい〉のように　じゅんに　すうじを　かきましょう。

〔ぜんぶ　できて　10てん〕

〈れい〉

14	13	12	11	10	9	8	7	6	5	4	3	2	1

3 □の　なかに　じゅんに　すうじを　かきましょう。

〔1もん　2てん〕

❶	14	13		11		9
❷	12		10		8	
❸		9			6	5
❹	8			5		3
❺		5		3	2	
❻	13		11		9	8
❼	11			8		6
❽		8	7		5	
❾		6		4		2
❿	6	5		3		

14から　1ずつ　すくなく　なって　いく　すうじの
ならびを　おぼえよう。

4 ひきざんを　しましょう。

〔1もん　3てん〕

❶ $5-1=$

❷ $6-1=$

❸ $7-1=$

❹ $8-1=$

❺ $9-1=$

❻ $10-1=$

❼ $11-1=$

❽ $12-1=$

❾ $13-1=$

❿ $14-1=$

5 ひきざんを　しましょう。

〔1もん　3てん〕

❶ $8-1=$

❷ $9-1=$

❸ $2-1=$

❹ $3-1=$

❺ $4-1=$

❻ $12-1=$

❼ $13-1=$

❽ $14-1=$

❾ $10-1=$

❿ $11-1=$

1を　ひく　ひきざんを　れんしゅうしよう。

てん

12 ひく1(5)

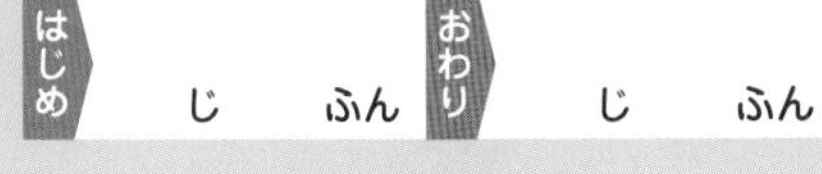

月 日 なまえ はじめ じ ふん おわり じ ふん

1 ひきざんを　しましょう。

〔1もん　2てん〕

① 8－1＝

② 9－1＝

③ 10－1＝

④ 11－1＝

⑤ 2－1＝

⑥ 3－1＝

⑦ 4－1＝

⑧ 12－1＝

⑨ 13－1＝

⑩ 14－1＝

⑪ 2－1＝

⑫ 12－1＝

⑬ 3－1＝

⑭ 13－1＝

⑮ 4－1＝

⑯ 14－1＝

⑰ 5－1＝

⑱ 6－1＝

⑲ 7－1＝

⑳ 8－1＝

1を　ひく　ひきざんを　れんしゅうしよう。

2 ひきざんを　しましょう。

〔1もん　3てん〕

❶	3－1＝	⑪	12－1＝
❷	7－1＝	⑫	9－1＝
❸	4－1＝	⑬	4－1＝
❹	8－1＝	⑭	11－1＝
❺	12－1＝	⑮	8－1＝
❻	5－1＝	⑯	3－1＝
❼	9－1＝	⑰	14－1＝
❽	13－1＝	⑱	10－1＝
❾	2－1＝	⑲	6－1＝
❿	11－1＝	⑳	13－1＝

まちがえた　もんだいは，もう　いちど
やりなおして　みよう。

てん

13 ひく2(1)

がつ 月　にち 日　なまえ

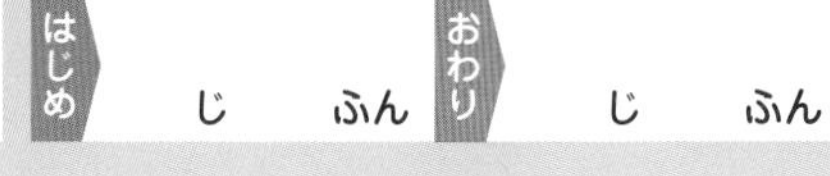

1 ひきざんを　しましょう。　〔1もん　2てん〕

1	2	3	4	5	6	7	8	9	10	11	12

❶ $3-2=$ 1

❷ $4-2=$ 2

❸ $5-2=$ 3

❹ $6-2=$ 4

❺ $7-2=$

❻ $8-2=$

❼ $9-2=$

❽ $10-2=$

❾ $11-2=$

❿ $12-2=$

2 ひきざんを　しましょう。　〔1もん　2てん〕

❶ $3-2=$

❷ $4-2=$

❸ $9-2=$

❹ $8-2=$

❺ $7-2=$

❻ $10-2=$

❼ $11-2=$

❽ $12-2=$

❾ $5-2=$

❿ $6-2=$

2を　ひく　ひきざんを　れんしゅうしよう。

3 ひきざんを　しましょう。

〔1もん　3てん〕

❶ 6－2＝

❷ 7－2＝

❸ 8－2＝

❹ 9－2＝

❺ 3－2＝

❻ 4－2＝

❼ 5－2＝

❽ 10－2＝

❾ 11－2＝

❿ 12－2＝

4 ひきざんを　しましょう。

〔1もん　3てん〕

❶ 9－2＝

❷ 10－2＝

❸ 11－2＝

❹ 12－2＝

❺ 6－2＝

❻ 7－2＝

❼ 8－2＝

❽ 3－2＝

❾ 4－2＝

❿ 5－2＝

まちがえた　もんだいは，もう　いちど
やりなおして　みよう。

てん

14 ひく2(2)

月　日　なまえ　はじめ　じ　ふん　おわり　じ　ふん

1 ひきざんを　しましょう。　〔1もん　2てん〕

① 3－2＝　⑥ 8－2＝

② 5－2＝　⑦ 10－2＝

③ 7－2＝　⑧ 12－2＝

④ 4－2＝　⑨ 9－2＝

⑤ 6－2＝　⑩ 11－2＝

2 ひきざんを　しましょう。　〔1もん　2てん〕

① 5－2＝　⑥ 10－2＝

② 4－2＝　⑦ 9－2＝

③ 3－2＝　⑧ 8－2＝

④ 12－2＝　⑨ 7－2＝

⑤ 11－2＝　⑩ 6－2＝

2を　ひく　ひきざんを　れんしゅうしよう。

3 ひきざんを　しましょう。

〔1もん　3てん〕

❶	3 − 2 ＝	⓫	6 − 2 ＝
❷	7 − 2 ＝	⓬	8 − 2 ＝
❸	4 − 2 ＝	⓭	3 − 2 ＝
❹	10 − 2 ＝	⓮	4 − 2 ＝
❺	9 − 2 ＝	⓯	12 − 2 ＝
❻	11 − 2 ＝	⓰	10 − 2 ＝
❼	12 − 2 ＝	⓱	6 − 2 ＝
❽	6 − 2 ＝	⓲	8 − 2 ＝
❾	4 − 2 ＝	⓳	9 − 2 ＝
❿	5 − 2 ＝	⓴	11 − 2 ＝

まちがえた　もんだいは，もう　いちど
やりなおして　みよう。

てん

15 ひく2(3)

月　日　なまえ

1 ひきざんを　しましょう。　〔1もん　2てん〕

❶ $6-2=$

❷ $7-2=$

❸ $8-2=$

❹ $9-2=$

❺ $10-2=$

❻ $11-2=$

❼ $12-2=$

❽ $13-2=$

❾ $14-2=$

❿ $15-2=$

2 ひきざんを　しましょう。　〔1もん　2てん〕

❶ $9-2=$

❷ $10-2=$

❸ $3-2=$

❹ $4-2=$

❺ $5-2=$

❻ $13-2=$

❼ $14-2=$

❽ $15-2=$

❾ $11-2=$

❿ $12-2=$

2を　ひく　ひきざんを　れんしゅうしよう。

3 ひきざんを　しましょう。　〔1もん　3てん〕

❶ $4-2=$

❷ $7-2=$

❸ $10-2=$

❹ $5-2=$

❺ $8-2=$

❻ $11-2=$

❼ $6-2=$

❽ $9-2=$

❾ $14-2=$

❿ $12-2=$

⓫ $13-2=$

⓬ $3-2=$

⓭ $15-2=$

⓮ $9-2=$

⓯ $14-2=$

⓰ $6-2=$

⓱ $12-2=$

⓲ $10-2=$

⓳ $8-2=$

⓴ $11-2=$

まちがえた　もんだいは，もう　いちど
やりなおして　みよう。

てん

16 ひく3(1)

月 日 なまえ

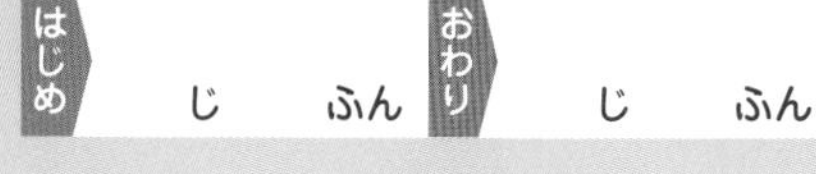

1 ひきざんを しましょう。 〔1もん 2てん〕

1	2	3	4	5	6	7	8	9	10	11	12	13

❶ 4－3＝1

❷ 5－3＝2

❸ 6－3＝

❹ 7－3＝

❺ 8－3＝

❻ 9－3＝

❼ 10－3＝

❽ 11－3＝

❾ 12－3＝

❿ 13－3＝

2 ひきざんを しましょう。 〔1もん 2てん〕

❶ 4－3＝

❷ 5－3＝

❸ 10－3＝

❹ 9－3＝

❺ 8－3＝

❻ 11－3＝

❼ 12－3＝

❽ 13－3＝

❾ 6－3＝

❿ 7－3＝

3を ひく ひきざんを れんしゅうしよう。

3 ひきざんを　しましょう。

〔1もん　3てん〕

❶ $7-3=$

❷ $8-3=$

❸ $9-3=$

❹ $10-3=$

❺ $4-3=$

❻ $5-3=$

❼ $6-3=$

❽ $11-3=$

❾ $12-3=$

❿ $13-3=$

4 ひきざんを　しましょう。

〔1もん　3てん〕

❶ $10-3=$

❷ $11-3=$

❸ $12-3=$

❹ $13-3=$

❺ $7-3=$

❻ $8-3=$

❼ $9-3=$

❽ $4-3=$

❾ $5-3=$

❿ $6-3=$

まちがえた　もんだいは，もう　いちど
やりなおして　みよう。

てん

17 ひく３(2)

月　日　なまえ

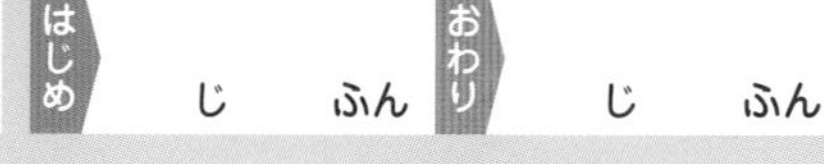

1 ひきざんを　しましょう。　〔1もん　2てん〕

① 4－3＝

② 6－3＝

③ 8－3＝

④ 5－3＝

⑤ 7－3＝

⑥ 9－3＝

⑦ 11－3＝

⑧ 13－3＝

⑨ 10－3＝

⑩ 12－3＝

2 ひきざんを　しましょう。　〔1もん　2てん〕

① 6－3＝

② 5－3＝

③ 4－3＝

④ 13－3＝

⑤ 12－3＝

⑥ 11－3＝

⑦ 10－3＝

⑧ 9－3＝

⑨ 8－3＝

⑩ 7－3＝

3を　ひく　ひきざんを　れんしゅうしよう。

3 ひきざんを　しましょう。

〔1もん　3てん〕

❶ $5-3=$

❷ $4-3=$

❸ $6-3=$

❹ $9-3=$

❺ $7-3=$

❻ $10-3=$

❼ $8-3=$

❽ $11-3=$

❾ $13-3=$

❿ $12-3=$

⓫ $6-3=$

⓬ $13-3=$

⓭ $5-3=$

⓮ $10-3=$

⓯ $12-3=$

⓰ $4-3=$

⓱ $7-3=$

⓲ $9-3=$

⓳ $8-3=$

⓴ $11-3=$

まちがえた　もんだいは，もう　いちど
やりなおして　みよう。

てん

18 ひく3(3)

月　日　なまえ　はじめ　じ　ふん　おわり　じ　ふん

1 ひきざんを　しましょう。〔1もん　2てん〕

❶ 7 − 3 ＝

❷ 8 − 3 ＝

❸ 9 − 3 ＝

❹ 10 − 3 ＝

❺ 11 − 3 ＝

❻ 12 − 3 ＝

❼ 13 − 3 ＝

❽ 14 − 3 ＝

❾ 15 − 3 ＝

❿ 16 − 3 ＝

2 ひきざんを　しましょう。〔1もん　2てん〕

❶ 10 − 3 ＝

❷ 9 − 3 ＝

❸ 4 − 3 ＝

❹ 5 − 3 ＝

❺ 6 − 3 ＝

❻ 14 − 3 ＝

❼ 15 − 3 ＝

❽ 16 − 3 ＝

❾ 12 − 3 ＝

❿ 13 − 3 ＝

3を　ひく　ひきざんを　れんしゅうしよう。

3 ひきざんを しましょう。

〔1もん 3てん〕

❶ $7-3=$

❷ $10-3=$

❸ $4-3=$

❹ $6-3=$

❺ $8-3=$

❻ $11-3=$

❼ $5-3=$

❽ $3-3=$

❾ $9-3=$

❿ $13-3=$

⓫ $6-3=$

⓬ $8-3=$

⓭ $14-3=$

⓮ $16-3=$

⓯ $10-3=$

⓰ $7-3=$

⓱ $15-3=$

⓲ $13-3=$

⓳ $4-3=$

⓴ $12-3=$

まちがえた もんだいは，もう いちど
やりなおして みよう。

てん

19 ひく4(1)

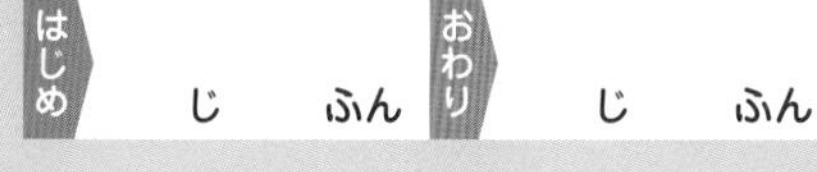

月(がつ)　日(にち)　なまえ

1 ひきざんを　しましょう。　〔1もん　2てん〕

① $4-1=$

② $4-2=$

③ $4-3=$

④ $5-1=$

⑤ $5-2=$

⑥ $5-3=$

⑦ $5-4=$

⑧ $6-1=$

⑨ $6-2=$

⑩ $6-3=$

⑪ $6-4=$

⑫ $7-2=$

⑬ $7-3=$

⑭ $7-4=$

⑮ $8-2=$

⑯ $8-3=$

⑰ $8-4=$

⑱ $10-2=$

⑲ $10-3=$

⑳ $10-4=$

おわったら，もう　いちど　たしかめて　みよう。

2 ひきざんを　しましょう。　〔1もん　3てん〕

❶ 5－4＝1

❷ 6－4＝2

❸ 7－4＝

❹ 8－4＝

❺ 9－4＝

❻ 10－4＝

❼ 11－4＝

❽ 12－4＝

❾ 13－4＝

❿ 14－4＝

3 ひきざんを　しましょう。　〔1もん　3てん〕

❶ 5－4＝

❷ 6－4＝

❸ 11－4＝

❹ 10－4＝

❺ 9－4＝

❻ 12－4＝

❼ 13－4＝

❽ 14－4＝

❾ 7－4＝

❿ 8－4＝

4を　ひく　ひきざんを　れんしゅうしよう。

てん

20 ひく4(2)

がつ 月　にち 日　なまえ

1 ひきざんを　しましょう。　〔1もん　2てん〕

① 4－4＝

② 6－4＝

③ 8－4＝

④ 10－4＝

⑤ 12－4＝

⑥ 5－4＝

⑦ 7－4＝

⑧ 9－4＝

⑨ 11－4＝

⑩ 13－4＝

2 ひきざんを　しましょう。　〔1もん　2てん〕

① 8－4＝

② 5－4＝

③ 10－4＝

④ 9－4＝

⑤ 12－4＝

⑥ 7－4＝

⑦ 13－4＝

⑧ 11－4＝

⑨ 14－4＝

⑩ 6－4＝

4を　ひく　ひきざんを　れんしゅうしよう。

3 ひきざんを　しましょう。　〔1もん　3てん〕

❶ $8-4=$

❷ $9-4=$

❸ $10-4=$

❹ $11-4=$

❺ $12-4=$

❻ $13-4=$

❼ $14-4=$

❽ $15-4=$

❾ $16-4=$

❿ $17-4=$

4 ひきざんを　しましょう。　〔1もん　3てん〕

❶ $6-4=$

❷ $9-4=$

❸ $12-4=$

❹ $15-4=$

❺ $7-4=$

❻ $10-4=$

❼ $4-4=$

❽ $8-4=$

❾ $16-4=$

❿ $11-4=$

まちがえた　もんだいは，もう　いちど
やりなおして　みよう。

てん

21 ひく4(3)

月　日　なまえ

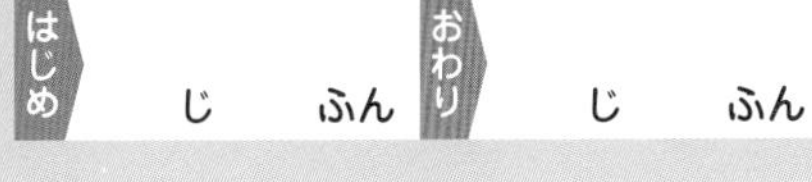

1 ひきざんを　しましょう。　〔1もん　2てん〕

① 5－4＝	⑪ 8－4＝
② 4－4＝	⑫ 7－4＝
③ 10－4＝	⑬ 12－4＝
④ 17－4＝	⑭ 15－4＝
⑤ 16－4＝	⑮ 13－4＝
⑥ 11－4＝	⑯ 10－4＝
⑦ 9－4＝	⑰ 6－4＝
⑧ 12－4＝	⑱ 14－4＝
⑨ 6－4＝	⑲ 11－4＝
⑩ 13－4＝	⑳ 16－4＝

4を　ひく　ひきざんを　れんしゅうしよう。

2 ひきざんを　しましょう。　〔1もん　3てん〕

❶ 8－1＝

❷ 5－1＝

❸ 13－1＝

❹ 9－1＝

❺ 7－1＝

❻ 9－2＝

❼ 13－2＝

❽ 7－2＝

❾ 14－2＝

❿ 10－2＝

⓫ 7－3＝

⓬ 9－3＝

⓭ 15－3＝

⓮ 10－3＝

⓯ 14－3＝

⓰ 9－4＝

⓱ 16－4＝

⓲ 11－4＝

⓳ 15－4＝

⓴ 12－4＝

まちがえた　もんだいは，もう　いちど
やりなおして　みよう。

てん

22 ひく5(1)

月 日 なまえ

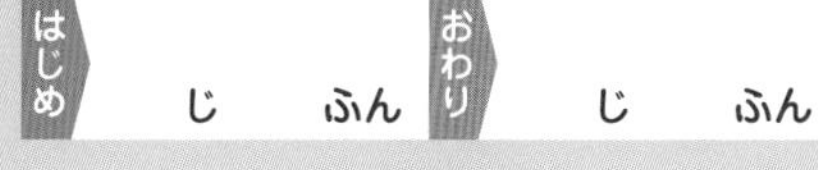

1 ひきざんを しましょう。 〔1もん 2てん〕

① 6－2＝	⑪ 8－4＝
② 6－3＝	⑫ 8－5＝
③ 6－4＝	⑬ 9－2＝
④ 6－5＝	⑭ 9－3＝
⑤ 7－2＝	⑮ 9－4＝
⑥ 7－3＝	⑯ 9－5＝
⑦ 7－4＝	⑰ 10－2＝
⑧ 7－5＝	⑱ 10－3＝
⑨ 8－2＝	⑲ 10－4＝
⑩ 8－3＝	⑳ 10－5＝

おわったら，もう いちど たしかめて みよう。

2 ひきざんを　しましょう。　〔1もん　3てん〕

❶ $6-5=$ 1

❷ $7-5=$ 2

❸ $8-5=$

❹ $9-5=$

❺ $10-5=$

❻ $11-5=$

❼ $12-5=$

❽ $13-5=$

❾ $14-5=$

❿ $15-5=$

3 ひきざんを　しましょう。　〔1もん　3てん〕

❶ $6-5=$

❷ $7-5=$

❸ $12-5=$

❹ $11-5=$

❺ $10-5=$

❻ $13-5=$

❼ $14-5=$

❽ $15-5=$

❾ $9-5=$

❿ $8-5=$

5を　ひく　ひきざんを　れんしゅうしよう。

てん

23 ひく５(2)

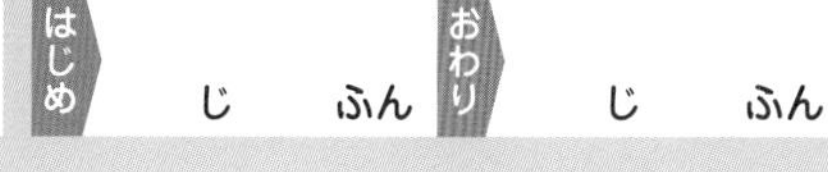

がつ 月　にち 日　なまえ　はじめ　じ　ふん　おわり　じ　ふん

1 ひきざんを　しましょう。〔１もん　２てん〕

❶	5 − 5 ＝	❻	6 − 5 ＝
❷	7 − 5 ＝	❼	8 − 5 ＝
❸	9 − 5 ＝	❽	10 − 5 ＝
❹	11 − 5 ＝	❾	12 − 5 ＝
❺	13 − 5 ＝	❿	14 − 5 ＝

2 ひきざんを　しましょう。〔１もん　２てん〕

❶	8 − 5 ＝	❻	13 − 5 ＝
❷	6 − 5 ＝	❼	7 − 5 ＝
❸	14 − 5 ＝	❽	10 − 5 ＝
❹	9 − 5 ＝	❾	15 − 5 ＝
❺	11 − 5 ＝	❿	12 − 5 ＝

５を　ひく　ひきざんを　れんしゅうしよう。

3 ひきざんを　しましょう。

〔1もん　3てん〕

❶ 9 − 5 =

❷ 10 − 5 =

❸ 11 − 5 =

❹ 12 − 5 =

❺ 13 − 5 =

❻ 14 − 5 =

❼ 15 − 5 =

❽ 16 − 5 =

❾ 17 − 5 =

❿ 18 − 5 =

4 ひきざんを　しましょう。

〔1もん　3てん〕

❶ 7 − 5 =

❷ 10 − 5 =

❸ 14 − 5 =

❹ 16 − 5 =

❺ 8 − 5 =

❻ 9 − 5 =

❼ 6 − 5 =

❽ 8 − 5 =

❾ 18 − 5 =

❿ 15 − 5 =

まちがえた　もんだいは，もう　いちど
やりなおして　みよう。

てん

24 ひく5(3)

がつ 月　にち 日　なまえ

はじめ　じ　ふん　おわり　じ　ふん

1　ひきざんを　しましょう。　〔1もん　2てん〕

① 7－5＝

② 11－5＝

③ 6－5＝

④ 16－5＝

⑤ 12－5＝

⑥ 8－5＝

⑦ 10－5＝

⑧ 15－5＝

⑨ 17－5＝

⑩ 14－5＝

⑪ 16－5＝

⑫ 17－5＝

⑬ 13－5＝

⑭ 9－5＝

⑮ 18－5＝

⑯ 5－5＝

⑰ 14－5＝

⑱ 11－5＝

⑲ 8－5＝

⑳ 12－5＝

5を　ひく　ひきざんを　れんしゅうしよう。

2 ひきざんを　しましょう。

〔1もん　3てん〕

① $7-1=$

② $5-1=$

③ $11-1=$

④ $9-1=$

⑤ $4-2=$

⑥ $8-2=$

⑦ $14-2=$

⑧ $11-2=$

⑨ $5-3=$

⑩ $9-3=$

⑪ $12-3=$

⑫ $15-3=$

⑬ $8-4=$

⑭ $10-4=$

⑮ $13-4=$

⑯ $7-4=$

⑰ $9-5=$

⑱ $12-5=$

⑲ $16-5=$

⑳ $13-5=$

まちがえた　もんだいは，もう　いちど
やりなおして　みよう。

てん

25 10までから

月　日　なまえ

1 けいさんを　しましょう。　〔1もん　2てん〕

❶ 6－3＝

❷ 6－2＝

❸ 6－4＝

❹ 6－5＝

❺ 7－3＝

❻ 7－4＝

❼ 7－5＝

❽ 7－6＝

❾ 8－3＝

❿ 8－4＝

⓫ 8－5＝

⓬ 8－6＝

⓭ 8－7＝

⓮ 9－4＝

⓯ 9－3＝

⓰ 9－5＝

⓱ 9－6＝

⓲ 9－7＝

⓳ 9－8＝

⓴ 10－3＝

㉑ 10－2＝

㉒ 10－5＝

㉓ 10－6＝

㉔ 10－7＝

㉕ 10－8＝

10までの　かずから，いろいろな　かずを　ひく
れんしゅうを　しよう。

2 けいさんを　しましょう。　〔1もん　2てん〕

❶ $7-5=$

❷ $7-7=$

❸ $8-6=$

❹ $8-7=$

❺ $8-8=$

❻ $9-5=$

❼ $9-7=$

❽ $9-9=$

❾ $9-8=$

❿ $10-6=$

⓫ $10-8=$

⓬ $10-10=$

⓭ $10-9=$

⓮ $9-3=$

⓯ $9-9=$

⓰ $9-6=$

⓱ $10-3=$

⓲ $10-7=$

⓳ $10-5=$

⓴ $10-4=$

㉑ $10-6=$

㉒ $10-2=$

㉓ $10-10=$

㉔ $10-8=$

㉕ $10-9=$

まちがえた　もんだいは，もう　いちど
やりなおして　みよう。

てん

26 11までから

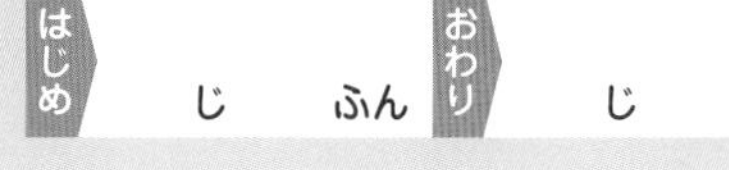

がつ にち
月 日 なまえ

はじめ じ ふん おわり じ ふん

1 けいさんを しましょう。

〔1もん 2てん〕

① 9－1＝

② 10－1＝

③ 11－1＝

④ 10－2＝

⑤ 11－2＝

⑥ 10－3＝

⑦ 11－3＝

⑧ 10－4＝

⑨ 11－4＝

⑩ 9－5＝

⑪ 10－5＝

⑫ 11－5＝

⑬ 9－6＝

⑭ 10－6＝

⑮ 11－6＝

⑯ 9－7＝

⑰ 10－7＝

⑱ 11－7＝

⑲ 9－8＝

⑳ 10－8＝

㉑ 11－8＝

㉒ 10－9＝

㉓ 11－9＝

㉔ 10－10＝

㉕ 11－10＝

11までの かずから，いろいろな かずを ひく れんしゅうを しよう。

2 けいさんを　しましょう。 〔1もん　2てん〕

❶ 9－3＝

❷ 10－3＝

❸ 11－3＝

❹ 10－5＝

❺ 11－5＝

❻ 9－7＝

❼ 10－7＝

❽ 11－7＝

❾ 9－9＝

❿ 10－9＝

⓫ 11－9＝

⓬ 10－10＝

⓭ 11－11＝

⓮ 10－4＝

⓯ 10－7＝

⓰ 11－5＝

⓱ 11－8＝

⓲ 11－2＝

⓳ 11－6＝

⓴ 11－9＝

㉑ 11－4＝

㉒ 11－7＝

㉓ 11－3＝

㉔ 11－11＝

㉕ 11－10＝

まちがえた　もんだいは，もう　いちど
やりなおして　みよう。

てん

27 12までから

月 日 なまえ

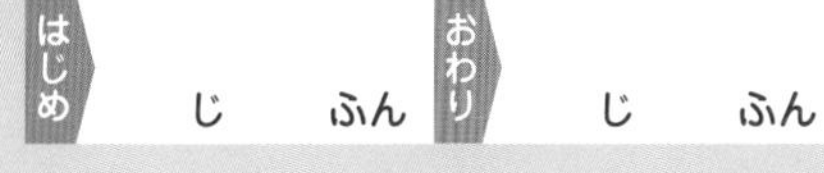

1 けいさんを しましょう。 〔1もん 2てん〕

❶ 10－1＝

❷ 11－1＝

❸ 12－1＝

❹ 11－2＝

❺ 12－2＝

❻ 11－3＝

❼ 12－3＝

❽ 11－4＝

❾ 12－4＝

❿ 11－5＝

⓫ 12－5＝

⓬ 11－6＝

⓭ 12－6＝

⓮ 11－7＝

⓯ 12－7＝

⓰ 10－8＝

⓱ 11－8＝

⓲ 12－8＝

⓳ 10－9＝

⓴ 11－9＝

㉑ 12－9＝

㉒ 11－10＝

㉓ 12－10＝

㉔ 11－11＝

㉕ 12－11＝

12までの かずから，いろいろな かずを ひく れんしゅうを しよう。

2 けいさんを　しましょう。

〔1もん　2てん〕

❶ $11-6=$

❷ $12-6=$

❸ $11-9=$

❹ $12-9=$

❺ $11-10=$

❻ $12-10=$

❼ $11-11=$

❽ $12-11=$

❾ $12-12=$

❿ $12-0=12$

⓫ $12-10=$

⓬ $11-11=$

⓭ $10-0=$

⓮ $12-2=$

⓯ $12-11=$

⓰ $12-8=$

⓱ $12-6=$

⓲ $12-3=$

⓳ $12-10=$

⓴ $12-4=$

㉑ $12-9=$

㉒ $12-12=$

㉓ $12-5=$

㉔ $12-1=$

㉕ $12-7=$

まちがえた　もんだいは，もう　いちど
やりなおして　みよう。

てん

28 13までから

月　日　

はじめ　じ　ふん　おわり　じ　ふん

1 けいさんを　しましょう。　〔1もん　2てん〕

1. 10－1＝
2. 13－1＝
3. 10－2＝
4. 13－2＝
5. 10－3＝
6. 13－3＝
7. 10－4＝
8. 13－4＝
9. 10－5＝
10. 13－5＝
11. 10－6＝
12. 13－6＝
13. 11－7＝
14. 13－7＝
15. 12－8＝
16. 13－8＝
17. 12－9＝
18. 13－9＝
19. 12－10＝
20. 13－10＝
21. 12－11＝
22. 13－11＝
23. 12－12＝
24. 13－12＝
25. 13－13＝

13までの　かずから，いろいろな　かずを　ひく
れんしゅうを　しよう。

2 けいさんを　しましょう。

〔1もん　2てん〕

❶ $11-3=$

❷ $13-3=$

❸ $11-5=$

❹ $13-5=$

❺ $11-8=$

❻ $13-8=$

❼ $11-9=$

❽ $13-9=$

❾ $11-11=$

❿ $12-12=$

⓫ $12-0=$

⓬ $13-13=$

⓭ $13-0=$

⓮ $13-3=$

⓯ $13-6=$

⓰ $13-11=$

⓱ $13-8=$

⓲ $13-0=$

⓳ $13-7=$

⓴ $13-10=$

㉑ $13-5=$

㉒ $13-13=$

㉓ $13-4=$

㉔ $13-9=$

㉕ $13-12=$

まちがえた　もんだいは，もう　いちど
やりなおして　みよう。

てん

29 14までから

がつ 月　にち 日　なまえ

1 けいさんを　しましょう。〔1もん　2てん〕

① 10－1＝
② 14－1＝
③ 10－2＝
④ 14－2＝
⑤ 10－3＝
⑥ 14－3＝
⑦ 10－4＝
⑧ 14－4＝
⑨ 10－5＝
⑩ 14－5＝
⑪ 10－6＝
⑫ 14－6＝
⑬ 10－7＝
⑭ 14－7＝
⑮ 10－8＝
⑯ 14－8＝
⑰ 10－9＝
⑱ 14－9＝
⑲ 10－10＝
⑳ 14－10＝
㉑ 12－11＝
㉒ 14－11＝
㉓ 12－12＝
㉔ 14－12＝
㉕ 14－13＝

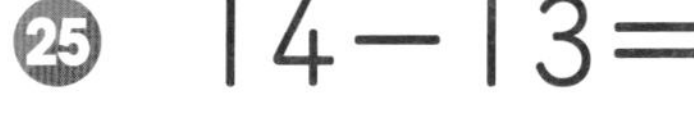

14までの　かずから，いろいろな　かずを　ひく　れんしゅうを　しよう。

2 けいさんを　しましょう。　〔1もん　2てん〕

❶ 10－8＝

❷ 11－8＝

❸ 14－8＝

❹ 11－9＝

❺ 14－9＝

❻ 11－11＝

❼ 14－11＝

❽ 13－12＝

❾ 14－12＝

❿ 13－13＝

⓫ 14－13＝

⓬ 14－14＝

⓭ 14－0＝

⓮ 14－2＝

⓯ 14－10＝

⓰ 14－3＝

⓱ 14－7＝

⓲ 14－4＝

⓳ 14－11＝

⓴ 14－8＝

㉑ 14－5＝

㉒ 14－0＝

㉓ 14－6＝

㉔ 14－9＝

㉕ 14－13＝

まちがえた　もんだいは，もう　いちど
やりなおして　みよう。

てん

30 15までから

月 日 なまえ

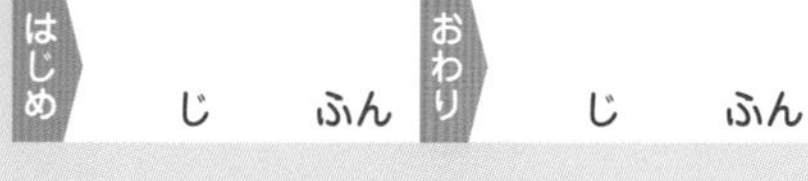

1 けいさんを しましょう。 〔1もん 2てん〕

1. 10－1＝
2. 15－1＝
3. 10－2＝
4. 15－2＝
5. 10－3＝
6. 15－3＝
7. 10－4＝
8. 15－4＝
9. 10－5＝
10. 15－5＝
11. 10－6＝
12. 15－6＝
13. 10－7＝
14. 15－7＝
15. 12－8＝
16. 15－8＝
17. 12－9＝
18. 15－9＝
19. 12－10＝
20. 15－10＝
21. 12－11＝
22. 15－11＝
23. 14－12＝
24. 15－12＝
25. 15－13＝

15までの かずから，いろいろな かずを ひく れんしゅうを しよう。

2 けいさんを　しましょう。

〔1もん　2てん〕

1. 13－7＝
2. 15－7＝
3. 13－9＝
4. 15－9＝
5. 13－12＝
6. 15－12＝
7. 14－13＝
8. 15－13＝
9. 14－14＝
10. 15－14＝
11. 15－15＝
12. 15－0＝
13. 15－10＝
14. 15－3＝
15. 15－13＝
16. 15－9＝
17. 15－6＝
18. 15－11＝
19. 15－0＝
20. 15－4＝
21. 15－10＝
22. 15－7＝
23. 15－14＝
24. 15－8＝
25. 15－12＝

まちがえた　もんだいは，もう　いちど
やりなおして　みよう。

てん

31 16までから

月　日　なまえ

じ　ふん　おわり　じ　ふん

1 けいさんを　しましょう。〔1もん　2てん〕

1. 12－6＝
2. 12－9＝
3. 12－10＝
4. 13－4＝
5. 13－7＝
6. 13－5＝
7. 13－9＝
8. 14－7＝
9. 14－3＝
10. 14－11＝
11. 14－5＝
12. 14－1＝
13. 14－12＝
14. 15－8＝
15. 15－13＝
16. 15－10＝
17. 15－9＝
18. 15－11＝
19. 15－12＝
20. 16－1＝
21. 16－2＝
22. 16－3＝
23. 16－4＝
24. 16－5＝
25. 16－6＝

16までの　かずから，いろいろな　かずを　ひく
れんしゅうを　しよう。

2 けいさんを　しましょう。

〔1もん　2てん〕

❶ $16-2=$

❷ $16-4=$

❸ $16-6=$

❹ $16-7=$

❺ $16-8=$

❻ $16-9=$

❼ $16-10=$

❽ $16-12=$

❾ $16-14=$

❿ $16-16=$

⓫ $16-11=$

⓬ $16-13=$

⓭ $16-15=$

⓮ $16-10=$

⓯ $16-4=$

⓰ $16-12=$

⓱ $16-3=$

⓲ $16-13=$

⓳ $16-0=$

⓴ $16-16=$

㉑ $16-9=$

㉒ $16-5=$

㉓ $16-12=$

㉔ $16-8=$

㉕ $16-11=$

まちがえた　もんだいは，もう　いちど
やりなおして　みよう。

てん

17までから

月　日　なまえ

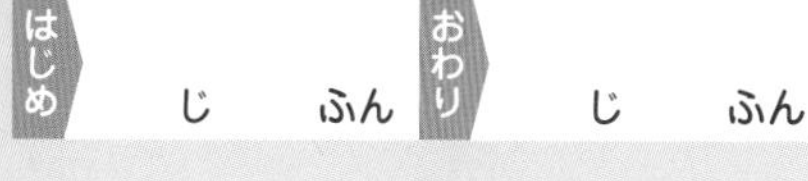

1 けいさんを　しましょう。

〔1もん　2てん〕

① 12－ 4 ＝

② 12－ 8 ＝

③ 13－ 6 ＝

④ 13－ 7 ＝

⑤ 14－ 6 ＝

⑥ 14－ 8 ＝

⑦ 15－ 5 ＝

⑧ 15－ 7 ＝

⑨ 15－ 9 ＝

⑩ 16－ 5 ＝

⑪ 16－ 8 ＝

⑫ 16－12＝

⑬ 16－14＝

⑭ 16－ 2 ＝

⑮ 16－ 3 ＝

⑯ 16－ 4 ＝

⑰ 16－ 7 ＝

⑱ 16－ 5 ＝

⑲ 17－ 3 ＝

⑳ 17－ 4 ＝

㉑ 17－ 5 ＝

㉒ 17－ 6 ＝

㉓ 17－ 7 ＝

㉔ 17－ 8 ＝

㉕ 17－ 9 ＝

17までの　かずから，いろいろな　かずを　ひく　れんしゅうを　しよう。

2 けいさんを　しましょう。

〔1もん　2てん〕

1. $17-8=$
2. $17-6=$
3. $17-5=$
4. $17-7=$
5. $17-9=$
6. $17-11=$
7. $17-13=$
8. $17-15=$
9. $17-17=$
10. $17-10=$
11. $17-12=$
12. $17-14=$
13. $17-16=$
14. $17-7=$
15. $17-10=$
16. $17-6=$
17. $17-15=$
18. $17-11=$
19. $17-8=$
20. $17-14=$
21. $17-9=$
22. $17-12=$
23. $17-5=$
24. $17-17=$
25. $17-0=$

まちがえた　もんだいは，もう　いちど
やりなおして　みよう。

てん

33 18までから

月　日　なまえ

じ　ふん　おわり　じ　ふん

1 けいさんを　しましょう。

〔1もん　2てん〕

❶ 14－8＝

❷ 14－5＝

❸ 14－12＝

❹ 15－7＝

❺ 15－10＝

❻ 15－14＝

❼ 15－6＝

❽ 15－9＝

❾ 16－2＝

❿ 16－6＝

⓫ 16－11＝

⓬ 16－9＝

⓭ 16－16＝

⓮ 17－7＝

⓯ 17－12＝

⓰ 17－8＝

⓱ 17－14＝

⓲ 17－9＝

⓳ 18－3＝

⓴ 18－4＝

㉑ 18－5＝

㉒ 18－6＝

㉓ 18－7＝

㉔ 18－8＝

㉕ 18－9＝

18までの　かずから，いろいろな　かずを　ひく　れんしゅうを　しよう。

2 けいさんを　しましょう。　〔1もん　2てん〕

❶ 18－9＝
❷ 18－7＝
❸ 18－6＝
❹ 18－8＝
❺ 18－10＝
❻ 18－12＝
❼ 18－14＝
❽ 18－16＝
❾ 18－18＝
❿ 18－11＝
⓫ 18－13＝
⓬ 18－15＝
⓭ 18－17＝
⓮ 18－6＝
⓯ 18－12＝
⓰ 18－4＝
⓱ 18－11＝
⓲ 18－14＝
⓳ 18－2＝
⓴ 18－13＝
㉑ 18－0＝
㉒ 18－9＝
㉓ 18－18＝
㉔ 18－1＝
㉕ 18－17＝

まちがえた　もんだいは，もう　いちど
やりなおして　みよう。

てん

34

19までから

月　日　なまえ

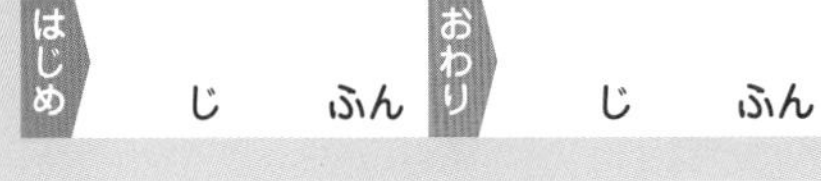

1　けいさんを　しましょう。　〔1もん　2てん〕

① $14-4=$

② $14-11=$

③ $15-6=$

④ $15-9=$

⑤ $16-12=$

⑥ $16-14=$

⑦ $16-9=$

⑧ $17-10=$

⑨ $17-16=$

⑩ $17-13=$

⑪ $18-9=$

⑫ $18-15=$

⑬ $18-5=$

⑭ $18-8=$

⑮ $18-14=$

⑯ $18-9=$

⑰ $18-11=$

⑱ $18-16=$

⑲ $19-3=$

⑳ $19-4=$

㉑ $19-5=$

㉒ $19-6=$

㉓ $19-7=$

㉔ $19-8=$

㉕ $19-9=$

19までの　かずから，いろいろな　かずを　ひく
れんしゅうを　しよう。

2 けいさんを　しましょう。 〔1もん　2てん〕

❶ 19－8＝

❷ 19－4＝

❸ 19－9＝

❹ 19－10＝

❺ 19－11＝

❻ 19－13＝

❼ 19－15＝

❽ 19－12＝

❾ 19－14＝

❿ 19－16＝

⓫ 19－18＝

⓬ 19－17＝

⓭ 19－19＝

⓮ 19－10＝

⓯ 19－15＝

⓰ 19－7＝

⓱ 19－3＝

⓲ 19－9＝

⓳ 19－2＝

⓴ 19－11＝

㉑ 19－14＝

㉒ 19－17＝

㉓ 19－12＝

㉔ 19－1＝

㉕ 19－18＝

まちがえた　もんだいは，もう　いちど
やりなおして　みよう。

てん

35 20までから・0の　ひきざん

月(がつ)　日(にち)　なまえ

じ　ふん　おわり　じ　ふん

1 けいさんを　しましょう。

〔1もん　2てん〕

① 16－11＝

② 16－ 8 ＝

③ 16－ 6 ＝

④ 17－ 9 ＝

⑤ 17－11＝

⑥ 17－ 8 ＝

⑦ 18－13＝

⑧ 18－ 9 ＝

⑨ 18－ 5 ＝

⑩ 18－15＝

⑪ 19－10＝

⑫ 19－16＝

⑬ 19－ 9 ＝

⑭ 19－14＝

⑮ 19－17＝

⑯ 20－ 1 ＝

⑰ 20－ 2 ＝

⑱ 20－ 3 ＝

⑲ 20－ 4 ＝

⑳ 20－ 5 ＝

㉑ 20－ 6 ＝

㉒ 20－ 7 ＝

㉓ 20－ 8 ＝

㉔ 20－ 9 ＝

㉕ 20－10＝

20までの　かずから，いろいろな　かずを　ひく
けいさんに　ちょうせんしよう。

2 けいさんを　しましょう。　〔1もん　2てん〕

❶ 20－5＝

❷ 20－15＝

❸ 20－4＝

❹ 20－14＝

❺ 20－6＝

❻ 20－16＝

❼ 20－7＝

❽ 20－17＝

❾ 20－9＝

❿ 20－19＝

⓫ 20－8＝

⓬ 20－18＝

⓭ 20－1＝

⓮ 20－11＝

⓯ 20－3＝

⓰ 20－13＝

⓱ 20－2＝

⓲ 20－12＝

⓳ 20－10＝

⓴ 20－20＝

㉑ 20－0＝

㉒ 19－19＝

㉓ 19－0＝

㉔ 18－12＝

㉕ 0－0＝0

㉕なにも　ない　ところから　なにも　ひかないと　いう　ことだね。

まちがえた　もんだいは，もう　いちど
やりなおして　みよう。

てん

36 おおきな　かずの　ひきざん(1)

月　日　なまえ

じ　ふん

じ　ふん

1 けいさんを　しましょう。　〔1もん　2てん〕

1. 15－2＝
2. 16－2＝
3. 18－2＝
4. 25－2＝
5. 26－2＝
6. 28－2＝
7. 14－3＝
8. 17－3＝
9. 19－3＝
10. 24－3＝
11. 27－3＝
12. 29－3＝
13. 39－3＝
14. 26－5＝
15. 29－5＝
16. 39－5＝
17. 19－6＝
18. 29－6＝
19. 49－6＝
20. 27－4＝
21. 37－4＝
22. 47－4＝
23. 28－7＝
24. 48－7＝
25. 58－7＝

おおきな　かずの　ひきざんを　れんしゅうしよう。

2 けいさんを　しましょう。　〔1もん　2てん〕

1. 16－4＝
2. 16－1＝
3. 16－5＝
4. 24－2＝
5. 25－3＝
6. 27－6＝
7. 35－1＝
8. 37－3＝
9. 39－7＝
10. 45－4＝
11. 48－3＝
12. 49－8＝
13. 47－5＝
14. 56－3＝
15. 58－4＝
16. 52－1＝
17. 63－2＝
18. 67－6＝
19. 68－4＝
20. 75－3＝
21. 78－5＝
22. 86－1＝
23. 89－6＝
24. 95－2＝
25. 98－7＝

まちがえた　もんだいは，もう　いちど
やりなおして　みよう。

てん

37 おおきな　かずの　ひきざん(2)

がつ 月　にち 日　なまえ

はじめ　じ　ふん　おわり　じ　ふん

1 けいさんを　しましょう。　〔1もん　2てん〕

❶ $20-10=$ 10	⓫ $30-20=$
❷ $30-10=$ 20	⓬ $30-30=$
❸ $40-10=$ 30	⓭ $50-20=$
❹ $50-10=$	⓮ $70-30=$
❺ $60-10=$	⓯ $90-20=$
❻ $70-10=$	⓰ $40-30=$
❼ $80-10=$	⓱ $60-20=$
❽ $90-10=$	⓲ $80-30=$
❾ $100-10=$	⓳ $90-20=$
❿ $10-10=$	⓴ $100-30=$

おおきな　かずの　ひきざんを　れんしゅうしよう。

2 けいさんを　しましょう。　〔1もん　3てん〕

❶ 70－20＝

❷ 70－30＝

❸ 70－40＝

❹ 70－50＝

❺ 70－60＝

❻ 70－70＝

❼ 80－30＝

❽ 80－40＝

❾ 80－50＝

❿ 80－60＝

⓫ 80－70＝

⓬ 80－80＝

⓭ 90－30＝

⓮ 90－40＝

⓯ 90－50＝

⓰ 90－60＝

⓱ 90－70＝

⓲ 90－80＝

⓳ 90－90＝

⓴ 100－90＝

まちがえた　もんだいは，もう　いちど
やりなおして　みよう。

てん

38 おおきな　かずの　ひきざん(3)

月　日　なまえ

はじめ　じ　ふん　おわり　じ　ふん

1 けいさんを　しましょう。

〔1もん　2てん〕

❶ 13－10＝

❷ 23－20＝

❸ 33－30＝

❹ 43－40＝

❺ 53－50＝

❻ 63－60＝

❼ 73－70＝

❽ 83－80＝

❾ 93－90＝

❿ 96－90＝

⓫ 47－40＝

⓬ 77－70＝

⓭ 27－20＝

⓮ 97－90＝

⓯ 57－50＝

⓰ 37－30＝

⓱ 87－80＝

⓲ 17－10＝

⓳ 67－60＝

⓴ 68－60＝

おおきな　かずどうしの　ひきざんに　ちょうせんしよう。

2 けいさんを　しましょう。

〔1もん　3てん〕

❶ $56-50=$

❷ $58-50=$

❸ $54-50=$

❹ $59-50=$

❺ $86-80=$

❻ $88-80=$

❼ $84-80=$

❽ $46-40=$

❾ $48-40=$

❿ $49-40=$

⓫ $32-30=$

⓬ $75-70=$

⓭ $66-60=$

⓮ $91-90=$

⓯ $34-30=$

⓰ $68-60=$

⓱ $73-70=$

⓲ $96-90=$

⓳ $59-50=$

⓴ $87-80=$

まちがえた　もんだいは，もう　いちど
やりなおして　みよう。

てん

39 おおきな　かずの　ひきざん(4)

月　日　なまえ　 はじめ　じ　ふん　おわり　じ　ふん

1 けいさんを　しましょう。　〔1もん　2てん〕

❶ 54－50＝	⓫ 49－40＝
❷ 54－40＝	⓬ 49－30＝
❸ 54－30＝	⓭ 49－20＝
❹ 54－20＝	⓮ 49－10＝
❺ 54－10＝	⓯ 83－80＝
❻ 78－70＝	⓰ 83－70＝
❼ 78－60＝	⓱ 83－60＝
❽ 78－50＝	⓲ 95－90＝
❾ 78－40＝	⓳ 95－80＝
❿ 78－30＝	⓴ 95－70＝

おおきな　かずどうしの　ひきざんに　ちょうせんしよう。

2 けいさんを　しましょう。　〔1もん　3てん〕

❶ 36－30＝

❷ 36－20＝

❸ 36－10＝

❹ 67－60＝

❺ 67－50＝

❻ 67－40＝

❼ 67－20＝

❽ 68－20＝

❾ 69－20＝

❿ 66－20＝

⓫ 72－50＝

⓬ 86－40＝

⓭ 94－30＝

⓮ 65－20＝

⓯ 53－10＝

⓰ 45－20＝

⓱ 38－10＝

⓲ 27－10＝

⓳ 89－30＝

⓴ 76－40＝

まちがえた　もんだいは，もう　いちど
やりなおして　みよう。

てん

40 おおきな　かずの　ひきざん(5)

月　日　なまえ

はじめ　じ　ふん　おわり　じ　ふん

1　けいさんを　しましょう。　〔1もん　2てん〕

① 67－40＝

② 67－41＝

③ 67－42＝

④ 67－43＝

⑤ 67－44＝

⑥ 67－45＝

⑦ 67－46＝

⑧ 67－47＝

⑨ 68－47＝

⑩ 69－47＝

⑪ 85－80＝

⑫ 85－30＝

⑬ 85－31＝

⑭ 85－32＝

⑮ 85－33＝

⑯ 85－34＝

⑰ 85－35＝

⑱ 86－35＝

⑲ 87－35＝

⑳ 88－35＝

おおきな　かずどうしの　ひきざんに　ちょうせんしよう。

2 けいさんを しましょう。 〔1もん 3てん〕

❶ 56−40＝

❷ 56−43＝

❸ 56−45＝

❹ 56−33＝

❺ 56−35＝

❻ 77−50＝

❼ 77−54＝

❽ 77−56＝

❾ 77−44＝

❿ 77−46＝

⓫ 45−40＝

⓬ 45−20＝

⓭ 45−22＝

⓮ 45−24＝

⓯ 65−24＝

⓰ 85−24＝

⓱ 95−24＝

⓲ 95−25＝

⓳ 73−21＝

⓴ 89−33＝

まちがえた もんだいは，もう いちど
やりなおして みよう。

てん

41 3つの　かずの　けいさん(1)

がつ 月　にち 日　なまえ

はじめ　じ　ふん　おわり　じ　ふん

1 けいさんを　しましょう。　〔1もん　2てん〕

① 2＋1＋3＝6
② 3＋1＋4＝
③ 3＋6＋1＝
④ 4＋1＋2＝
⑤ 4＋4＋2＝
⑥ 5＋1＋3＝
⑦ 5＋3＋2＝
⑧ 6＋1＋3＝
⑨ 6＋4＋3＝
⑩ 7＋3＋2＝

2 けいさんを　しましょう。　〔1もん　2てん〕

① 4＋3－1＝6
② 4＋6－7＝
③ 5＋2－4＝
④ 5＋4－8＝
⑤ 6＋1－2＝
⑥ 6＋3－5＝
⑦ 7＋3－4＝
⑧ 7＋4－6＝
⑨ 8＋2－3＝
⑩ 8＋4－7＝

たしざん，ひきざんに　ちゅういして　けいさんしよう。

3 けいさんを　しましょう。

〔1もん　3てん〕

❶ $3+1+5=$

❷ $2+4+1=$

❸ $4+3+2=$

❹ $5+2+2=$

❺ $7+3+1=$

❻ $4+1+2=$

❼ $6+4+4=$

❽ $5+1+4=$

❾ $3+2+5=$

❿ $9+1+2=$

⓫ $5+3-7=$

⓬ $7+2-6=$

⓭ $4+6-5=$

⓮ $6+5-1=$

⓯ $2+8-4=$

⓰ $3+6-7=$

⓱ $5+4-2=$

⓲ $8+3-5=$

⓳ $6+4-9=$

⓴ $4+9-6=$

まちがえた　もんだいは，もう　いちど
やりなおして　みよう。

てん

42 3つの　かずの　けいさん(2)

月　日　なまえ

1 けいさんを　しましょう。

〔1もん　2てん〕

❶ $9-1-5=3$

❷ $6-2-1=$

❸ $7-3-1=$

❹ $8-2-4=$

❺ $9-3-2=$

❻ $9-4-1=$

❼ $10-4-2=$

❽ $10-5-3=$

❾ $12-2-1=$

❿ $14-4-2=$

2 けいさんを　しましょう。

〔1もん　2てん〕

❶ $5-1+2=6$

❷ $6-4+1=$

❸ $8-4+1=$

❹ $8-5+3=$

❺ $9-3+2=$

❻ $9-6+5=$

❼ $10-8+6=$

❽ $10-4+2=$

❾ $11-4+2=$

❿ $11-3+4=$

たしざん，ひきざんに　ちゅういして　けいさんしよう。

3 けいさんを　しましょう。　〔1もん　3てん〕

❶ $8-1-2=$

❷ $6-3-1=$

❸ $9-1-4=$

❹ $11-1-3=$

❺ $12-2-4=$

❻ $6-4-1=$

❼ $8-3-2=$

❽ $10-6-3=$

❾ $9-5-1=$

❿ $14-4-3=$

⓫ $6-1+3=$

⓬ $9-5+2=$

⓭ $7-6+4=$

⓮ $4-2+5=$

⓯ $10-4+3=$

⓰ $12-7+6=$

⓱ $5-3+4=$

⓲ $7-4+5=$

⓳ $11-2+1=$

⓴ $13-5+4=$

まちがえた　もんだいは，もう　いちど
やりなおして　みよう。

てん

43 しんだんテスト

月　日　なまえ　はじめ　じ　ふん　おわり　じ　ふん

1　つぎの　けいさんを　しましょう。　〔1もん　2てん〕

1. 6 − 3 =
2. 8 − 5 =
3. 11 − 4 =
4. 9 − 3 =
5. 4 − 1 =
6. 3 − 3 =
7. 7 − 2 =
8. 13 − 5 =
9. 10 − 1 =
10. 8 − 4 =
11. 5 − 3 =
12. 7 − 2 =
13. 11 − 2 =
14. 14 − 5 =
15. 9 − 1 =
16. 5 − 5 =
17. 6 − 4 =
18. 8 − 3 =
19. 3 − 2 =
20. 7 − 3 =
21. 4 − 0 =
22. 8 − 5 =
23. 10 − 4 =
24. 12 − 3 =

2 つぎの　けいさんを　しましょう。　〔1もん　2てん〕

❶ $13-4=$

❷ $15-2=$

❸ $16-5=$

❹ $12-3=$

❺ $11-1=$

❻ $18-5=$

❼ $10-4=$

❽ $16-3=$

❾ $11-7=$

❿ $10-3=$

⓫ $14-1=$

⓬ $17-4=$

⓭ $12-2=$

⓮ $14-5=$

3 つぎの　けいさんを　しましょう。　〔1もん　3てん〕

❶ $90-20=$

❷ $80-80=$

❸ $89-9=$

❹ $68-7=$

4 つぎの　けいさんを　しましょう。　〔1もん　3てん〕

❶ $16-6-3=$

❷ $9+6-2=$

❸ $13-4+7=$

❹ $7+5-4=$

てんすうを　つけてから，96ページの
アドバイスを　よもう。

てん

1 かずならべ(1)

P.1・2

1

1	2	3	4	5	6	7	8	9	10
11	12	13	14	15	16	17	18	19	20
21	22	23	24	25	26	27	28	29	30
31	32	33	34	35	36	37	38	39	40
41	42	43	44	45	46	47	48	49	50

2

51	52	53	54	55	56	57	58	59	60
61	62	63	64	65	66	67	68	69	70
71	72	73	74	75	76	77	78	79	80
81	82	83	84	85	86	87	88	89	90
91	92	93	94	95	96	97	98	99	100

3

1	2	3	4	5	6	7	8	9	10
11	12	13	14	15	16	17	18	19	20
21	22	23	24	25	26	27	28	29	30
31	32	33	34	35	36	37	38	39	40
41	42	43	44	45	46	47	48	49	50

4

51	52	53	54	55	56	57	58	59	60
61	62	63	64	65	66	67	68	69	70
71	72	73	74	75	76	77	78	79	80
81	82	83	84	85	86	87	88	89	90
91	92	93	94	95	96	97	98	99	100

2 かずならべ(2)

P.3・4

1

91	92	93	94	95	96	97	98	99	100
101	102	103	104	105	106	107	108	109	110
111	112	113	114	115	116	117	118	119	120

2

91	92	93	94	95	96	97	98	99	100
101	102	103	104	105	106	107	108	109	110
111	112	113	114	115	116	117	118	119	120

3

1	2	3	4	5	6	7	8	9	10
11	12	13	14	15	16	17	18	19	20
21	22	23	24	25	26	27	28	29	30
31	32	33	34	35	36	37	38	39	40
41	42	43	44	45	46	47	48	49	50
51	52	53	54	55	56	57	58	59	60

4

61	62	63	64	65	66	67	68	69	70
71	72	73	74	75	76	77	78	79	80
81	82	83	84	85	86	87	88	89	90
91	92	93	94	95	96	97	98	99	100
101	102	103	104	105	106	107	108	109	110
111	112	113	114	115	116	117	118	119	120

アドバイス 1から 120までの かずは ただしく おぼえましたか。もし まちがえて いたら，なんかいも おさらいを しましょう。

3 たす1～たす3

P.5・6

1

- ① 7
- ② 6
- ③ 8
- ④ 4
- ⑤ 5
- ⑥ 3
- ⑦ 9
- ⑧ 10
- ⑨ 4
- ⑩ 5
- ⑪ 7
- ⑫ 9
- ⑬ 11
- ⑭ 6
- ⑮ 8
- ⑯ 10
- ⑰ 8
- ⑱ 7
- ⑲ 4
- ⑳ 6
- ㉑ 10
- ㉒ 11
- ㉓ 5
- ㉔ 9
- ㉕ 12

2

- ① 9
- ② 10
- ③ 8
- ④ 11
- ⑤ 11
- ⑥ 10
- ⑦ 9
- ⑧ 7
- ⑨ 9
- ⑩ 8
- ⑪ 6
- ⑫ 10
- ⑬ 12
- ⑭ 8
- ⑮ 7
- ⑯ 6
- ⑰ 11
- ⑱ 10
- ⑲ 7
- ⑳ 6
- ㉑ 4
- ㉒ 5
- ㉓ 6
- ㉔ 10
- ㉕ 9

④ たす4〜たす6 P.7・8

1 ①8 ②6 ③12 ④13 ⑤10 ⑥9 ⑦7 ⑧11 ⑨7 ⑩6 ⑪8 ⑫10 ⑬12 ⑭14 ⑮13 ⑯11 ⑰9 ⑱7 ⑲10 ⑳8 ㉑11 ㉒14 ㉓13 ㉔12 ㉕15

2 ①9 ②10 ③8 ④13 ⑤8 ⑥12 ⑦12 ⑧11 ⑨14 ⑩15 ⑪13 ⑫11 ⑬13 ⑭9 ⑮10 ⑯9 ⑰10 ⑱11 ⑲8 ⑳9 ㉑12 ㉒13 ㉓14 ㉔10 ㉕11

⑤ たす7〜たす9・0の たしざん P.9・10

1 ①13 ②9 ③11 ④14 ⑤16 ⑥15 ⑦12 ⑧10 ⑨11 ⑩14 ⑪10 ⑫9 ⑬12 ⑭13 ⑮16 ⑯15 ⑰11 ⑱13 ⑲16 ⑳18 ㉑17 ㉒12 ㉓14 ㉔5 ㉕0

2 ①12 ②10 ③12 ④14 ⑤13 ⑥16 ⑦15 ⑧11 ⑨12 ⑩13 ⑪12 ⑫13 ⑬14 ⑭10 ⑮11 ⑯11 ⑰9 ⑱17 ⑲5 ⑳12 ㉑10 ㉒8 ㉓13 ㉔0 ㉕18

アドバイス たしざんは ただしく できましたか。まちがいが たくさん あるようでしたら，よく れんしゅうを しましょう。

⑥ おおきな かずの たしざん P.11・12

1 ①12 ②23 ③35 ④36 ⑤49 ⑥57 ⑦78 ⑧94 ⑨16 ⑩39 ⑪27 ⑫46 ⑬19 ⑭68 ⑮59 ⑯75 ⑰97 ⑱40 ⑲60 ⑳80 ㉑60 ㉒70 ㉓80 ㉔100 ㉕90

2 ①16 ②27 ③18 ④17 ⑤50 ⑥29 ⑦35 ⑧18 ⑨90 ⑩36 ⑪28 ⑫66 ⑬48 ⑭85 ⑮100 ⑯69 ⑰38 ⑱80 ⑲45 ⑳47 ㉑59 ㉒89 ㉓77 ㉔49 ㉕57

⑦ チェックテスト P.13・14

1

51	52	53	54	55	56	57	58	59	60
61	62	63	64	65	66	67	68	69	70
71	72	73	74	75	76	77	78	79	80
81	82	83	84	85	86	87	88	89	90
91	92	93	94	95	96	97	98	99	100

2 ①9 ②6 ③7 ④9 ⑤11 ⑥6 ⑦8 ⑧6 ⑨12 ⑩12 ⑪10 ⑫8 ⑬12 ⑭14 ⑮11 ⑯13

3 ①8 ②11 ③15 ④10 ⑤11 ⑥15 ⑦13 ⑧16 ⑨11 ⑩13 ⑪15 ⑫14 ⑬13 ⑭14 ⑮17 ⑯4

4 ①23 ②56 ③17 ④27 ⑤27 ⑥39 ⑦47 ⑧69 ⑨88 ⑩80 ⑪90 ⑫100

アドバイス

●**85てんから　100てんの　ひと**
まちがえた　もんだいを　やりなおしてから，つぎの　ページに　すすみましょう。

●**75てんから　84てんの　ひと**
ここまでの　ページを　もう　いちど　おさらいして　おきましょう。

●**0てんから　74てんの　ひと**
『1年生　たしざん』で，もう　いちど　たしざんの　おさらいを　して　おきましょう。

8 ひく1(1)　P.15・16

1 | 1 | 2 | 3 | 4 | 5 | 6 | 7 | 8 | 9 | 10 |

2 | 10 | 9 | 8 | 7 | 6 | 5 | 4 | 3 | 2 | 1 |

3
① | 10 | 9 | 8 | 7 | 6 | 5 | 4 | 3 | 2 | 1 |
② | 10 | 9 | 8 | 7 | 6 | 5 |
③ | 8 | 7 | 6 | 5 | 4 | 3 |
④ | 6 | 5 | 4 | 3 | 2 | 1 |
⑤ | 9 | 8 | 7 | 6 | 5 | 4 |
⑥ | 7 | 6 | 5 | 4 | 3 | 2 |
⑦ | 6 | 5 | 4 | 3 | 2 | 1 |

4 ①1　②2　③3　④4　⑤5　⑥6　⑦7　⑧8　⑨9　⑩10

5 ①1　②2　③4　④3　⑤6　⑥5　⑦7　⑧8　⑨9　⑩10　⑪2　⑫3

アドバイス　ひきざんの　こたえは　たしざんで　たしかめることが　できます。ひきざんの　こたえに　ひく　かずを　たすと，ひかれる　かずに　なります。たしかめて　みましょう。

9 ひく1(2)　P.17・18

1 ①1　②2　③3　④6　⑤7　⑥8　⑦9　⑧10　⑨4　⑩5

2 ①7　②8　③9　④10　⑤4　⑥5　⑦6　⑧1　⑨2　⑩3

3 ①1　②3　③5　④7　⑤9　⑥2　⑦4　⑧6　⑨8　⑩10　⑪5　⑫7　⑬9　⑭4　⑮6　⑯8　⑰10　⑱3　⑲2　⑳4

10 ひく1(3)　P.19・20

1 ①5　②7　③9　④4　⑤6　⑥8　⑦10　⑧6　⑨4　⑩2

2 ①3　②2　③1　④10　⑤9　⑥8　⑦7　⑧6　⑨5　⑩4

3 ①3　②7　③2　④5　⑤10　⑥4　⑦9　⑧1　⑨3　⑩6　⑪8　⑫2　⑬4　⑭3　⑮1　⑯7　⑰6　⑱10　⑲9　⑳8

11 ひく1(4)　P.21・22

1 | 1 | 2 | 3 | 4 | 5 | 6 | 7 | 8 | 9 | 10 | 11 | 12 | 13 | 14 |

2 | 14 | 13 | 12 | 11 | 10 | 9 | 8 | 7 | 6 | 5 | 4 | 3 | 2 | 1 |

3
① | 14 | 13 | 12 | 11 | 10 | 9 |
② | 12 | 11 | 10 | 9 | 8 | 7 |
③ | 10 | 9 | 8 | 7 | 6 | 5 |
④ | 8 | 7 | 6 | 5 | 4 | 3 |
⑤ | 6 | 5 | 4 | 3 | 2 | 1 |
⑥ | 13 | 12 | 11 | 10 | 9 | 8 |
⑦ | 11 | 10 | 9 | 8 | 7 | 6 |
⑧ | 9 | 8 | 7 | 6 | 5 | 4 |
⑨ | 7 | 6 | 5 | 4 | 3 | 2 |
⑩ | 6 | 5 | 4 | 3 | 2 | 1 |

4 ①4 ②5 ③6 ④7 ⑤8 ⑥9 ⑦10 ⑧11 ⑨12 ⑩13

5 ①7 ②8 ③1 ④2 ⑤3 ⑥11 ⑦12 ⑧13 ⑨9 ⑩10

12 ひく1(5)

P.23・24

1 ①7 ②8 ③9 ④10 ⑤1 ⑥2 ⑦3 ⑧11 ⑨12 ⑩13 ⑪1 ⑫11 ⑬2 ⑭12 ⑮3 ⑯13 ⑰4 ⑱5 ⑲6 ⑳7

2 ①2 ②6 ③3 ④7 ⑤11 ⑥4 ⑦8 ⑧12 ⑨1 ⑩10 ⑪11 ⑫8 ⑬3 ⑭10 ⑮7 ⑯2 ⑰13 ⑱9 ⑲5 ⑳12

アドバイス　1を　ひく　ひきざんは　ただしく　できましたか。なれるまで　なんかいも　れんしゅうしましょう。

13 ひく2(1)

P.25・26

1 ①1 ②2 ③3 ④4 ⑤5 ⑥6 ⑦7 ⑧8 ⑨9 ⑩10

2 ①1 ②2 ③7 ④6 ⑤5 ⑥8 ⑦9 ⑧10 ⑨3 ⑩4

3 ①4 ②5 ③6 ④7 ⑤1 ⑥2 ⑦3 ⑧8 ⑨9 ⑩10

4 ①7 ②8 ③9 ④10 ⑤4 ⑥5 ⑦6 ⑧1 ⑨2 ⑩3

14 ひく2(2)

P.27・28

1 ①1 ②3 ③5 ④2 ⑤4 ⑥6 ⑦8 ⑧10 ⑨7 ⑩9

2 ①3 ②2 ③1 ④10 ⑤9 ⑥8 ⑦7 ⑧6 ⑨5 ⑩4

3 ①1 ②5 ③2 ④8 ⑤7 ⑥9 ⑦10 ⑧4 ⑨2 ⑩3 ⑪4 ⑫6 ⑬1 ⑭2 ⑮10 ⑯8 ⑰4 ⑱6 ⑲7 ⑳9

15 ひく2(3)

P.29・30

1 ①4 ②5 ③6 ④7 ⑤8 ⑥9 ⑦10 ⑧11 ⑨12 ⑩13

2 ①7 ②8 ③1 ④2 ⑤3 ⑥11 ⑦12 ⑧13 ⑨9 ⑩10

3 ①2 ②5 ③8 ④3 ⑤6 ⑥9 ⑦4 ⑧7 ⑨12 ⑩10 ⑪11 ⑫1 ⑬13 ⑭7 ⑮12 ⑯4 ⑰10 ⑱8 ⑲6 ⑳9

アドバイス　2を　ひく　ひきざんは　ただしく　できましたか。なれるまで　なんかいも　れんしゅうしましょう。

16 ひく3(1)

P.31・32

1 ①1 ②2 ③3 ④4 ⑤5 ⑥6 ⑦7 ⑧8 ⑨9 ⑩10

2 ①1 ②2 ③7 ④6 ⑤5 ⑥8 ⑦9 ⑧10 ⑨3 ⑩4

3 ①4 ②5 ③6 ④7 ⑤1 ⑥2 ⑦3 ⑧8 ⑨9 ⑩10

4 ①7 ②8 ③9 ④10 ⑤4 ⑥5 ⑦6 ⑧1 ⑨2 ⑩3

17 ひく3(2) P.33・34

1 ❶1 ❷3 ❸5 ❹2 ❺4 ❻6 ❼8 ❽10 ❾7 ❿9

2 ❶3 ❷2 ❸1 ❹10 ❺9 ❻8 ❼7 ❽6 ❾5 ❿4

3 ❶2 ❷1 ❸3 ❹6 ❺4 ❻7 ❼5 ❽8 ❾10 ❿9 ⓫3 ⓬10 ⓭2 ⓮7 ⓯9 ⓰1 ⓱4 ⓲6 ⓳5 ⓴8

18 ひく3(3) P.35・36

1 ❶4 ❷5 ❸6 ❹7 ❺8 ❻9 ❼10 ❽11 ❾12 ❿13

2 ❶7 ❷6 ❸1 ❹2 ❺3 ❻11 ❼12 ❽13 ❾9 ❿10

3 ❶4 ❷7 ❸1 ❹3 ❺5 ❻8 ❼2 ❽0 ❾6 ❿10 ⓫3 ⓬5 ⓭11 ⓮13 ⓯7 ⓰4 ⓱12 ⓲10 ⓳1 ⓴9

アドバイス 3を ひく ひきざんは ただしく できましたか。なれるまで なんかいも れんしゅうしましょう。

19 ひく4(1) P.37・38

1 ❶3 ❷2 ❸1 ❹4 ❺3 ❻2 ❼1 ❽5 ❾4 ❿3 ⓫2 ⓬5 ⓭4 ⓮3 ⓯6 ⓰5 ⓱4 ⓲8 ⓳7 ⓴6

2 ❶1 ❷2 ❸3 ❹4 ❺5 ❻6 ❼7 ❽8 ❾9 ❿10

3 ❶1 ❷2 ❸7 ❹6 ❺5 ❻8 ❼9 ❽10 ❾3 ❿4

20 ひく4(2) P.39・40

1 ❶0 ❷2 ❸4 ❹6 ❺8 ❻1 ❼3 ❽5 ❾7 ❿9

2 ❶4 ❷1 ❸6 ❹5 ❺8 ❻3 ❼9 ❽7 ❾10 ❿2

3 ❶4 ❷5 ❸6 ❹7 ❺8 ❻9 ❼10 ❽11 ❾12 ❿13

4 ❶2 ❷5 ❸8 ❹11 ❺3 ❻6 ❼0 ❽4 ❾12 ❿7

21 ひく4(3) P.41・42

1 ❶1 ❷0 ❸6 ❹13 ❺12 ❻7 ❼5 ❽8 ❾2 ❿9 ⓫4 ⓬3 ⓭8 ⓮11 ⓯9 ⓰6 ⓱2 ⓲10 ⓳7 ⓴12

2 ❶7 ❷4 ❸12 ❹8 ❺6 ❻7 ❼11 ❽5 ❾12 ❿8 ⓫4 ⓬6 ⓭12 ⓮7 ⓯11 ⓰5 ⓱12 ⓲7 ⓳11 ⓴8

22 ひく5(1) P.43・44

1 ❶4 ❷3 ❸2 ❹1 ❺5 ❻4 ❼3 ❽2 ❾6 ❿5 ⓫4 ⓬3 ⓭7 ⓮6 ⓯5 ⓰4 ⓱8 ⓲7 ⓳6 ⓴5

2 ❶1 ❷2 ❸3 ❹4 ❺5 ❻6 ❼7 ❽8 ❾9 ❿10

3 ❶1 ❷2 ❸7 ❹6 ❺5 ❻8 ❼9 ❽10 ❾4 ❿3

㉓ ひく5(2)

P.45・46

1 ①0 ②2 ③4 ④6 ⑤8 ⑥1 ⑦3 ⑧5 ⑨7 ⑩9

2 ①3 ②1 ③9 ④4 ⑤6 ⑥8 ⑦2 ⑧5 ⑨10 ⑩7

3 ①4 ②5 ③6 ④7 ⑤8 ⑥9 ⑦10 ⑧11 ⑨12 ⑩13

4 ①2 ②5 ③9 ④11 ⑤3 ⑥4 ⑦1 ⑧3 ⑨13 ⑩10

㉔ ひく5(3)

P.47・48

1 ①2 ②6 ③1 ④11 ⑤7 ⑥3 ⑦5 ⑧10 ⑨12 ⑩9 ⑪11 ⑫12 ⑬8 ⑭4 ⑮13 ⑯0 ⑰9 ⑱6 ⑲3 ⑳7

2 ①6 ②4 ③10 ④8 ⑤2 ⑥6 ⑦12 ⑧9 ⑨2 ⑩6 ⑪9 ⑫12 ⑬4 ⑭6 ⑮9 ⑯3 ⑰4 ⑱7 ⑲11 ⑳8

㉕ 10までから

P.49・50

1 ①3 ②4 ③2 ④1 ⑤4 ⑥3 ⑦2 ⑧1 ⑨5 ⑩4 ⑪3 ⑫2 ⑬1 ⑭5 ⑮6 ⑯4 ⑰3 ⑱2 ⑲1 ⑳7 ㉑8 ㉒5 ㉓4 ㉔3 ㉕2

2 ①2 ②0 ③2 ④1 ⑤0 ⑥4 ⑦2 ⑧0 ⑨1 ⑩4 ⑪2 ⑫0 ⑬1 ⑭6 ⑮0 ⑯3 ⑰7 ⑱3 ⑲5 ⑳6 ㉑4 ㉒8 ㉓0 ㉔2 ㉕1

アドバイス 10までの　かずから　いろいろな　かずを　ひく　けいさんは，ただしく　できましたか。まちがいが　たくさん　あるようでしたら，もう　いちど「ひく１」に　もどって　おさらいを　しましょう。

㉖ 11までから

P.51・52

1 ①8 ②9 ③10 ④8 ⑤9 ⑥7 ⑦8 ⑧6 ⑨7 ⑩4 ⑪5 ⑫6 ⑬3 ⑭4 ⑮5 ⑯2 ⑰3 ⑱4 ⑲1 ⑳2 ㉑3 ㉒1 ㉓2 ㉔0 ㉕1

2 ①6 ②7 ③8 ④5 ⑤6 ⑥2 ⑦3 ⑧4 ⑨0 ⑩1 ⑪2 ⑫0 ⑬0 ⑭6 ⑮3 ⑯6 ⑰3 ⑱9 ⑲5 ⑳2 ㉑7 ㉒4 ㉓8 ㉔0 ㉕1

㉗ 12までから

P.53・54

1 ①9 ②10 ③11 ④9 ⑤10 ⑥8 ⑦9 ⑧7 ⑨8 ⑩6 ⑪7 ⑫5 ⑬6 ⑭4 ⑮5 ⑯2 ⑰3 ⑱4 ⑲1 ⑳2 ㉑3 ㉒1 ㉓2 ㉔0 ㉕1

2 ①5 ②6 ③2 ④3 ⑤1 ⑥2 ⑦0 ⑧1 ⑨0 ⑩12 ⑪2 ⑫0 ⑬10 ⑭10 ⑮1 ⑯4 ⑰6 ⑱9 ⑲2 ⑳8 ㉑3 ㉒0 ㉓7 ㉔11 ㉕5

㉘ 13までから P.55・56

1		2	
① 9	⑭ 6	① 8	⑭ 10
② 12	⑮ 4	② 10	⑮ 7
③ 8	⑯ 5	③ 6	⑯ 2
④ 11	⑰ 3	④ 8	⑰ 5
⑤ 7	⑱ 4	⑤ 3	⑱ 13
⑥ 10	⑲ 2	⑥ 5	⑲ 6
⑦ 6	⑳ 3	⑦ 2	⑳ 3
⑧ 9	㉑ 1	⑧ 4	㉑ 8
⑨ 5	㉒ 2	⑨ 0	㉒ 0
⑩ 8	㉓ 0	⑩ 0	㉓ 9
⑪ 4	㉔ 1	⑪ 12	㉔ 4
⑫ 7	㉕ 0	⑫ 0	㉕ 1
⑬ 4		⑬ 13	

㉙ 14までから P.57・58

1		2	
① 9	⑭ 7	① 2	⑭ 12
② 13	⑮ 2	② 3	⑮ 4
③ 8	⑯ 6	③ 6	⑯ 11
④ 12	⑰ 1	④ 2	⑰ 7
⑤ 7	⑱ 5	⑤ 5	⑱ 10
⑥ 11	⑲ 0	⑥ 0	⑲ 3
⑦ 6	⑳ 4	⑦ 3	⑳ 6
⑧ 10	㉑ 1	⑧ 1	㉑ 9
⑨ 5	㉒ 3	⑨ 2	㉒ 14
⑩ 9	㉓ 0	⑩ 0	㉓ 8
⑪ 4	㉔ 2	⑪ 1	㉔ 5
⑫ 8	㉕ 1	⑫ 0	㉕ 1
⑬ 3		⑬ 14	

㉚ 15までから P.59・60

1		2	
① 9	⑭ 8	① 6	⑭ 12
② 14	⑮ 4	② 8	⑮ 2
③ 8	⑯ 7	③ 4	⑯ 6
④ 13	⑰ 3	④ 6	⑰ 9
⑤ 7	⑱ 6	⑤ 1	⑱ 4
⑥ 12	⑲ 2	⑥ 3	⑲ 15
⑦ 6	⑳ 5	⑦ 1	⑳ 11
⑧ 11	㉑ 1	⑧ 2	㉑ 5
⑨ 5	㉒ 4	⑨ 0	㉒ 8
⑩ 10	㉓ 2	⑩ 1	㉓ 1
⑪ 4	㉔ 3	⑪ 0	㉔ 7
⑫ 9	㉕ 2	⑫ 15	㉕ 3
⑬ 3		⑬ 5	

㉛ 16までから P.61・62

1		2	
① 6	⑭ 7	① 14	⑭ 6
② 3	⑮ 2	② 12	⑮ 12
③ 2	⑯ 5	③ 10	⑯ 4
④ 9	⑰ 6	④ 9	⑰ 13
⑤ 6	⑱ 4	⑤ 8	⑱ 3
⑥ 8	⑲ 3	⑥ 7	⑲ 16
⑦ 4	⑳ 15	⑦ 6	⑳ 0
⑧ 7	㉑ 14	⑧ 4	㉑ 7
⑨ 11	㉒ 13	⑨ 2	㉒ 11
⑩ 3	㉓ 12	⑩ 0	㉓ 4
⑪ 9	㉔ 11	⑪ 5	㉔ 8
⑫ 13	㉕ 10	⑫ 3	㉕ 5
⑬ 2		⑬ 1	

アドバイス 16までの　かずから　いろいろな　かずを　ひく　けいさんは，ただしく　できましたか。こたえが　すらすらと　でるように　なるまで，なんかいも　れんしゅうしましょう。

32 17までから

P.63・64

1 ①8 ②4 ③7 ④6 ⑤8 ⑥6 ⑦10 ⑧8 ⑨6 ⑩11 ⑪8 ⑫4 ⑬2 ⑭14 ⑮13 ⑯12 ⑰9 ⑱11 ⑲14 ⑳13 ㉑12 ㉒11 ㉓10 ㉔9 ㉕8

2 ①9 ②11 ③12 ④10 ⑤8 ⑥6 ⑦4 ⑧2 ⑨0 ⑩7 ⑪5 ⑫3 ⑬1 ⑭10 ⑮7 ⑯11 ⑰2 ⑱6 ⑲9 ⑳3 ㉑8 ㉒5 ㉓12 ㉔0 ㉕17

33 18までから

P.65・66

1 ①6 ②9 ③2 ④8 ⑤5 ⑥1 ⑦9 ⑧6 ⑨14 ⑩10 ⑪5 ⑫7 ⑬0 ⑭10 ⑮5 ⑯9 ⑰3 ⑱8 ⑲15 ⑳14 ㉑13 ㉒12 ㉓11 ㉔10 ㉕9

2 ①9 ②11 ③12 ④10 ⑤8 ⑥6 ⑦4 ⑧2 ⑨0 ⑩7 ⑪5 ⑫3 ⑬1 ⑭12 ⑮6 ⑯14 ⑰7 ⑱4 ⑲16 ⑳5 ㉑18 ㉒9 ㉓0 ㉔17 ㉕1

34 19までから

P.67・68

1 ①10 ②3 ③9 ④6 ⑤4 ⑥2 ⑦7 ⑧7 ⑨1 ⑩4 ⑪9 ⑫3 ⑬13 ⑭10 ⑮4 ⑯9 ⑰7 ⑱2 ⑲16 ⑳15 ㉑14 ㉒13 ㉓12 ㉔11 ㉕10

2 ①11 ②15 ③10 ④9 ⑤8 ⑥6 ⑦4 ⑧7 ⑨5 ⑩3 ⑪1 ⑫2 ⑬0 ⑭9 ⑮4 ⑯12 ⑰16 ⑱10 ⑲17 ⑳8 ㉑5 ㉒2 ㉓7 ㉔18 ㉕1

35 20までから・0の　ひきざん

P.69・70

1 ①5 ②8 ③10 ④8 ⑤6 ⑥9 ⑦5 ⑧9 ⑨13 ⑩3 ⑪9 ⑫3 ⑬10 ⑭5 ⑮2 ⑯19 ⑰18 ⑱17 ⑲16 ⑳15 ㉑14 ㉒13 ㉓12 ㉔11 ㉕10

2 ①15 ②5 ③16 ④6 ⑤14 ⑥4 ⑦13 ⑧3 ⑨11 ⑩1 ⑪12 ⑫2 ⑬19 ⑭9 ⑮17 ⑯7 ⑰18 ⑱8 ⑲10 ⑳0 ㉑20 ㉒0 ㉓19 ㉔6 ㉕0

アドバイス　20から　1けたの　かずを　ひくと，こたえは　2けたに　なります。また，「ひく0」は　なにも　ひかないと　いう　ことですから，こたえは　もとの　ひかれる　かずの　ままです。

36 おおきな　かずの　ひきざん(1)　P.71・72

1
①13 ②14 ③16 ④23 ⑤24 ⑥26 ⑦11 ⑧14 ⑨16 ⑩21 ⑪24 ⑫26 ⑬36 ⑭21 ⑮24 ⑯34 ⑰13 ⑱23 ⑲43 ⑳23 ㉑33 ㉒43 ㉓21 ㉔41 ㉕51

2
①12 ②15 ③11 ④22 ⑤22 ⑥21 ⑦34 ⑧34 ⑨32 ⑩41 ⑪45 ⑫41 ⑬42 ⑭53 ⑮54 ⑯51 ⑰61 ⑱61 ⑲64 ⑳72 ㉑73 ㉒85 ㉓83 ㉔93 ㉕91

37 おおきな　かずの　ひきざん(2)　P.73・74

1
①10 ②20 ③30 ④40 ⑤50 ⑥60 ⑦70 ⑧80 ⑨90 ⑩0 ⑪10 ⑫0 ⑬30 ⑭40 ⑮70 ⑯10 ⑰40 ⑱50 ⑲70 ⑳70

2
①50 ②40 ③30 ④20 ⑤10 ⑥0 ⑦50 ⑧40 ⑨30 ⑩20 ⑪10 ⑫0 ⑬60 ⑭50 ⑮40 ⑯30 ⑰20 ⑱10 ⑲0 ⑳10

38 おおきな　かずの　ひきざん(3)　P.75・76

1
①3 ②3 ③3 ④3 ⑤3 ⑥3 ⑦3 ⑧3 ⑨3 ⑩6 ⑪7 ⑫7 ⑬7 ⑭7 ⑮7 ⑯7 ⑰7 ⑱7 ⑲7 ⑳8

2
①6 ②8 ③4 ④9 ⑤6 ⑥8 ⑦4 ⑧6 ⑨8 ⑩9 ⑪2 ⑫5 ⑬6 ⑭1 ⑮4 ⑯8 ⑰3 ⑱6 ⑲9 ⑳7

39 おおきな　かずの　ひきざん(4)　P.77・78

1
①4 ②14 ③24 ④34 ⑤44 ⑥8 ⑦18 ⑧28 ⑨38 ⑩48 ⑪9 ⑫19 ⑬29 ⑭39 ⑮3 ⑯13 ⑰23 ⑱5 ⑲15 ⑳25

2
①6 ②16 ③26 ④7 ⑤17 ⑥27 ⑦47 ⑧48 ⑨49 ⑩46 ⑪22 ⑫46 ⑬64 ⑭45 ⑮43 ⑯25 ⑰28 ⑱17 ⑲59 ⑳36

40 おおきな　かずの　ひきざん(5)　P.79・80

1
①27 ②26 ③25 ④24 ⑤23 ⑥22 ⑦21 ⑧20 ⑨21 ⑩22 ⑪5 ⑫55 ⑬54 ⑭53 ⑮52 ⑯51 ⑰50 ⑱51 ⑲52 ⑳53

2
①16 ②13 ③11 ④23 ⑤21 ⑥27 ⑦23 ⑧21 ⑨33 ⑩31 ⑪5 ⑫25 ⑬23 ⑭21 ⑮41 ⑯61 ⑰71 ⑱70 ⑲52 ⑳56

アドバイス　おおきな　かずどうしの　ひきざんは　ただしく　できましたか。2けたから　2けたの　かずを　ひく　けいさんに　なれるまで　なんかいも　れんしゅうしましょう。

41 3つの　かずの　けいさん(1)　P.81・82

1　①6　②8　③10　④7　⑤10　⑥9　⑦10　⑧10　⑨13　⑩12

2　①6　②3　③3　④1　⑤5　⑥4　⑦6　⑧5　⑨7　⑩5

3　①9　②7　③9　④9　⑤11　⑥7　⑦14　⑧10　⑨10　⑩12　⑪1　⑫3　⑬5　⑭10　⑮6　⑯2　⑰7　⑱6　⑲1　⑳7

42 3つの　かずの　けいさん(2)　P.83・84

1　①3　②3　③3　④2　⑤4　⑥4　⑦4　⑧2　⑨9　⑩8

2　①6　②3　③5　④6　⑤8　⑥8　⑦8　⑧8　⑨9　⑩12

3　①5　②2　③4　④7　⑤6　⑥1　⑦3　⑧1　⑨3　⑩7　⑪8　⑫6　⑬5　⑭7　⑮9　⑯11　⑰6　⑱8　⑲10　⑳12

アドバイス　3つの　かずの　けいさんは　ただしく　できましたか。ひだりから　じゅんに　けいさん　して　いけば　よいですね。

43 しんだんテスト　P.85・86

1　①3　②3　③7　④6　⑤3　⑥0　⑦5　⑧8　⑨9　⑩4　⑪2　⑫5　⑬9　⑭9　⑮8　⑯0　⑰2　⑱5　⑲1　⑳4　㉑4　㉒3　㉓6　㉔9

2　①9　②13　③11　④9　⑤10　⑥13　⑦6　⑧13　⑨4　⑩7　⑪13　⑫13　⑬10　⑭9

3　①70　②0　③80　④61

4　①7　②13　③16　④8

アドバイス

1で　まちがえた　ひとは，「ひく1」から　もう　いちど　おさらいしましょう。
2で　まちがえた　ひとは，「10までから」から　もう　いちど　おさらいしましょう。
3で　まちがえた　ひとは，「おおきな　かずの　ひきざん」から　おさらいしましょう。
4で　まちがえた　ひとは，「3つの　かずの　けいさん」から　おさらいしましょう。